尾矿库工程地质特性与稳定性研究

张慧颖　黄海燕　王新华　
蒋　源　毛　谨　编著

黄河水利出版社
·郑州·

内 容 提 要

本书是作者在多年从事尾矿库设计与安全监测的基础上编写的。主要内容包括库区新构造运动特征、尾矿料宏微观力学特性、尾矿库静动力荷载作用下的稳定性和动力学特性分析等。

本书可作为行政主管部门、生产管理单位和从事尾矿库设计与安全相关工作的管理、技术人员的参考用书。

图书在版编目(CIP)数据

尾矿库工程地质特性与稳定性研究/张慧颖等编著.—郑州:黄河水利出版社,2019.7

ISBN 978-7-5509-2462-8

Ⅰ.①尾…　Ⅱ.①张…　Ⅲ.①尾矿-矿山地质-工程地质-特性-研究 ②尾矿-矿山地质-工程地质-稳定性-研究　Ⅳ.①P64

中国版本图书馆 CIP 数据核字(2019)第167769号

出 版 社:黄河水利出版社

地址:河南省郑州市顺河路黄委会综合楼14层　邮政编码:450003

发行单位:黄河水利出版社

发行部电话:0371-66026940、66020550、66028024、66022620(传真)

E-mail:hhslcbs@126.com

承印单位:虎彩印艺股份有限公司

开本:850 mm×1 168 mm　1/32

印张:4.125

字数:103千字　　印数:1—1 000

版次:2019年7月第1版　　印次:2019年7月第1次印刷

定价:35.00元

前 言

尾矿库主要用于堆存矿石选别后的尾矿或其他工业废渣。如果尾矿坝发生溃坝,将会严重危害下游人民的生命和财产安全,同时带来严重的环境和生态灾难。地质条件和坝体结构因素是尾矿坝溃坝的主要原因,因此本书依托某尾矿库工程,通过现场勘察、试验研究、理论分析、数值模拟等方法与手段,对尾矿库工程地质特性和稳定性进行研究。

全书共分6章,详细阐述了尾矿库库区新构造运动特征、尾矿料微观特性、宏观力学特性、分层固结特性及尾矿库静动力荷载作用下的稳定性和动力学特性等。基于钻探和各种地质资料,研究区内环境工程地质条件对库区稳定性的影响,重点研究了新构造运动对库区稳定性的影响,同时利用X射线荧光光谱仪、BET试验、扫描电镜和脱附—吸附试验对尾矿料与砂土、红黏土进行成分、孔隙结构、颗粒组成结构的对比分析。选用滤纸法测定磷矿尾矿料、砂土、一般粉土和红黏土的基质吸力,并进行对比分析。采用变湿应力研究尾矿料的应力状态和开裂,建立尾矿料裂隙开展模型。对不同干密度、不同饱和度的非饱和尾矿料试样进行单向压缩固结试验。基于饱和—非饱和理论,建立了磷矿细粒尾矿坝的平面和三维有限元计算模型,并进行了不同工况下的渗流场与应力场的耦合分析和稳定性计算。基于非线性时程分析法,建立了高烈度区磷矿细粒尾矿坝的动力有限元计算模型,并进行了不同工况下的瞬态响应分析、全时程稳定性分析。

全书由张慧颖、黄海燕、王新华、蒋源、毛谨共同编写完成。

本书在编写过程中,参阅了大量科技文献和资料,由于篇幅所限,未能逐一列出,特向被引用文献的作者表示诚挚的谢意!

限于编著者的水平,书中不妥之处,恳请各位专家和读者批评指正。

编著者

2019 年 4 月于昆明

目 录

第1章 绪 论

1.1 概 述

尾矿坝是由尾矿堆积碾压而成的坝体,主要用于堆存矿石选别后排出的尾矿或其他工业废渣;尾矿坝由初期坝、堆积坝组成。尾矿坝泄漏或溃坝对矿库区周边的工程稳定性及环境的影响远远大于堤防、水库大坝等蓄水建筑物。美国克拉克大学的研究结果表明,尾矿库所造成危害的严重性位于世界上93种事故公害中的第18位。至21世纪初,全世界发生的尾矿坝事故中,美国占39%,欧洲占18%,智利占12%,菲律宾占5%,中国占2.7%。这些事故的存在严重危害了下游生命和财产的安全,也带来了环境和生态的灾难。1971年,美国佛罗里达磷矿坝体失事,流失尾矿80万t,造成了严重的生态环境污染。1998年,西班牙Aznolcollcer尾矿坝溃坝,冲毁下游600万m^3的农田,造成经济损失34亿欧元。2000年,罗马尼亚Baia Mara选矿厂尾矿坝事故使10万m^3的含氰化物的尾矿流入多瑙河,造成严重的环境灾难。1995年,圭亚那Omai尾矿坝坝体开裂,使含氰化物的尾砂废水排到了阿迈河及埃塞奎博河,造成了近千人死亡。中国是世界上尾矿坝最多的国家之一。截至2012年底,我国共有尾矿库12 273座,遍布30个省(市),二等以上尾矿库占1.29%,三等尾矿库占4.95%,四等尾矿库占18.39%,五等尾矿库占75.37%,危库54座,险库100座,病险库1 069座。2008年,山西新塔矿业有限公司尾矿库发生溃坝,致277人死亡。2011年,湖北省郧西县人和矿业开发有限公司柳家沟尾矿库封堵井盖断裂,导致约6 000 m^3 尾矿泄漏,造成约2 km长的山涧沟河受污染。

随着采矿业的发展,尾矿坝的数量和规模将持续迅速增长。全世界每年产生的尾矿约300亿t,由于可利用土地资源量的日益减小,尾矿坝容量不断增大,坝体不断增高。面对尾矿坝事故引起的沉重生命财产损失和严重的生态环境破坏,国内外许多研究者致力于尾矿坝稳定性研究和事故原因分析。

引起溃坝的原因有多种,可归纳成以下四类:

(1)气象因素。暴雨、飓风、坝体上的冰雪融化和冰层聚积。

(2)地质条件因素。地震,尾矿坝场地的地质条件不良,尾矿坝坝体材料的物理力学性质较差。

(3)坝体结构因素。漫坝、坝体渗漏、坝坡失稳、坝体开裂和坝基破坏。

(4)管理因素。监管失误而导致排水结构物的堵塞,坝体填筑速度过快,重型机械在不稳定尾矿坝上的施工等。

1.2 本书主要内容

本书针对尾矿库工程安全问题,从地质条件、坝体稳定性到地震响应进行系统的研究。主要内容如下:

(1)库区工程地质条件研究。某尾矿库地处新构造活动强烈区,受多组断裂构造的控制。通过详细的地质调查,分析库区的地质条件,评价近场区的新构造运动、区域地壳稳定性对尾矿坝的影响程度。

(2)细粒尾矿料微观特性、宏观力学性质及变形特征研究。对尾矿料微观特性、宏观力学性质和分层固结特性进行研究,并建立尾矿料裂隙开展模型,为后期坝体渗流场与应力场的研究提供依据。

(3)细粒尾矿坝渗流场—应力场耦合的数值分析研究。基于连续介质理论,使用饱和—非饱和渗流运动方程,建立二维、三维有限元模型,考虑地震效应对细粒尾矿坝的渗流场—应力场耦合分析与评价。

(4)高烈度区尾矿坝动力学响应的数值分析研究。使用非线性时程分析法对地震荷载作用下尾矿坝的应力场、位移场、速度场、加速度场、稳定性进行深入分析。

第2章 尾矿库区区域工程地质特性

本书以某三等尾矿库工程为例进行研究。该尾矿库工程由初期坝、尾矿堆坝、雨水沟、排洪管-井、尾矿输送管、回水泵站和回水管组成。尾矿堆坝采用上游法堆筑。洪水设计标准为初期按100年一遇防洪标准,后期按500年一遇防洪标准进行设防。

2.1 库区自然地理及地形地貌

尾矿库地处滇东高原与黔西高原结合处,位于云贵高原乌蒙山脉中部,山脉总体走向为北东,地形复杂,群山叠起,沟壑纵横,地形属构造剥蚀高中山类型。境内最高海拔4 017.30 m,最低海拔695.0 m,云南省地貌分区如图2-1所示。

库区位于云南省地貌区划中滇东区(Ⅰ)的宣威、会泽喀斯特中山丘陵、峡谷区($Ⅰ_3$),如图2-1所示,区域海拔2 000~2 900 m,库区附近相对高差200~400 m,属构造剥蚀中等切割低中山地貌。

尾矿库为一近南北向的沟谷,整体上北高南低,东、西、北三面环山,沟底高程介于2 380~2 560 m,沟谷尾部分东北向及西北向两条支沟。沟谷横断面呈V字形,沟底最窄处仅为0.80 m左右,最宽处约为20.00 m。沟谷两侧山体坡度为30°~50°,局部陡崖处大于70°,受构造运动及其沟谷洪流的冲刷作用,在两岸边坡靠近谷底的部位形成了高5.0~40.00 m的陡坎。沟底纵坡一般坡度为10°~15°,局部坡度大于40°,并在初期坝的位置形成高度为

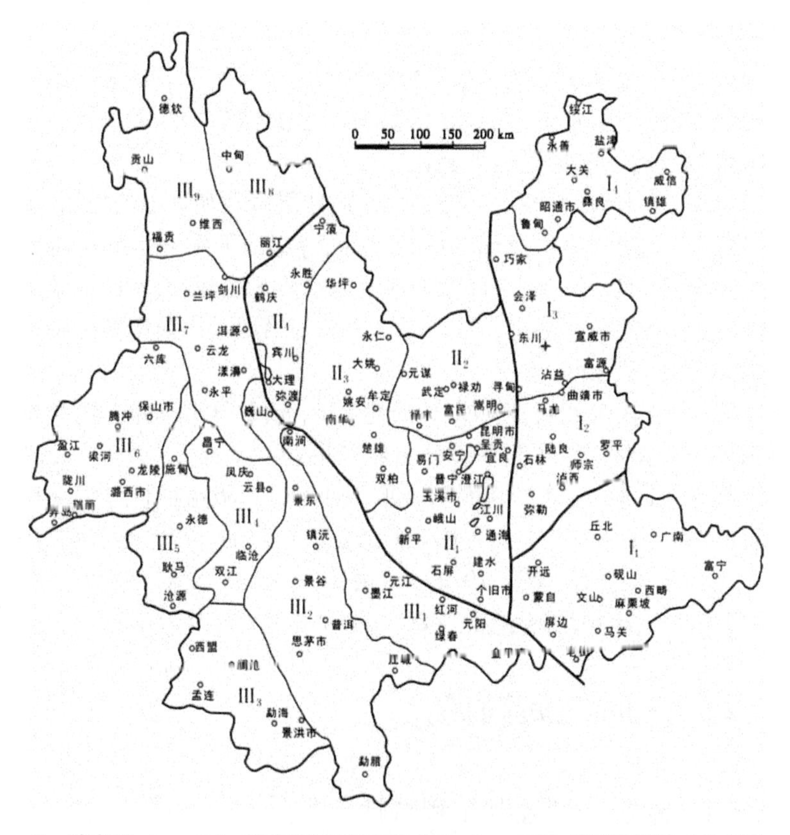

Ⅰ—滇东区；Ⅰ$_1$—文山、西畴喀斯特峰林峰丛区；Ⅰ$_2$—师宗、罗平喀斯特丘状高原峡谷区；Ⅰ$_3$—宣威、会泽喀斯特中山丘陵、峡谷区；Ⅰ$_4$—昭通、宜良喀斯特中山峡谷区；Ⅱ—滇中区；Ⅱ$_1$—昆明、通海高原湖盆区；Ⅱ$_2$—禄劝、富民高原峡谷区；Ⅱ$_3$—永仁丘状高原区；Ⅱ$_4$—宾川、永仁中山宽谷湖盆区；Ⅲ—滇西区；Ⅲ$_1$—墨江、绿春中山峡谷区；Ⅲ$_2$—镇原、思茅中山峡谷区；Ⅲ$_3$—景洪、勐遮低山丘陵宽谷盆地区；Ⅲ$_4$—澜沧、凤庆中山峡谷区；Ⅲ$_5$—施甸、镇康喀斯特中山峡谷区；Ⅲ$_6$—瑞丽、陇川中山宽谷盆地区；Ⅲ$_7$—兰坪、福贡高中山峡谷区；Ⅲ$_8$—中甸、丽江喀斯特极高山峡谷区；Ⅲ$_9$—德钦、贡山极高山峡谷区

图2-1　云南省地貌分区图　（据赵维城，1998）

0.8～4.0 m 的陡坎。

库区大气降水是地表水及地下水的主要补给源。地表水除部分入渗补给地下水外,大部分地表水受地形控制,顺坡面向沟谷汇集,沿沟谷向下游排泄至河流。

库区地下水运动主要受构造形迹、地层岩性和地形的控制,根据区域水文地质资料及现场调查,库区浅部地下水分水岭与地表水分水岭基本一致,而深部地下水的分水岭无法确定,库区内地下水按含水层的空间形态和地层岩性可分为第四系松散层孔隙型潜水和岩溶裂隙水两类。

库区所在区域属亚热带高原型季风气候,雨量充沛,气候良好,四季温差不大,气候垂直分带特征明显。历年平均气温 12.6 ℃,极端最高气温 31.4 ℃(1958 年 6 月 1 日),极端最低气温 -17 ℃(1999 年 1 月 9 日)。年平均降水量 817.7 mm,年均无霜期 210 d。驾车乡年平均气温 10.2 ℃,最高气温 31.4 ℃,最低气温 -17.02 ℃;年平均降水量 1 480 mm,全年无霜期 170 d。

2.2 库区地质特征

2.2.1 地层岩性及其工程特性

库区上游在接近山顶部位出露地层为寒武系筇竹寺组粉砂质泥岩、页岩、粉砂岩,山体中上部位,出露寒武系渔户村组白云岩。在库区勘察范围内,如初期坝坝址地段、竖向排水井、坝肩雨水沟及两岸雨水沟所在的位置,分布地层主要为第四系坡洪积碎石土和震旦系上统灯影组白云岩。

按地层成因、岩性特征,库区范围内的地层可划分为两个工程地质单元层,并从新至老叙述如下。

2.2.1.1　第四系坡洪积物（Q^{dl+pl}）

碎石土层主要由灰白色白云岩、灰黑色白云岩风化物组成，稍密—中密，局部密实。多呈棱角状，粒径 0.5 ~ 3.0 cm，个别 5 ~ 8 cm，沟谷地带夹有粒径大于 20 cm 的块石，甚至粒径大于 1.0 m 的块石。充填少量的砂土，稍湿—湿。沟谷地带层厚 0.80 ~ 7.2 m，谷坡地带层厚 0 ~ 1.0 m，整个库区大部分地段有分布。

碎石土层渗透系数为 2.88×10^{-3} ~ 8.43×10^{-3} cm/s，具有中等透水性；重型圆锥动力触探击数 $N_{63.5}=9.0$ 击，呈稍密—中密状态，局部密实，承载力较好，可以作为初期坝基础及雨水沟持力层使用。根据钻孔波速测试可获得横波波速为 255 ~ 288 m/s，动剪切模量为 123.5 ~ 157.6 MPa，土体具有较好的抗震能力。具体物理力学特征如表 2-1 ~ 表 2-3 所示。

表 2-1　砂石土层重型动力触探试验（$N_{63.5}$）统计（修正后）

岩土名称及代号	范围值（击）	频数	平均值（击）	标准差（击）	变异系数	修正系数
碎石	3.0 ~ 14.2	30	9.0	3.432	0.406	0.872

表 2-2　探槽单环、钻孔注水试验结果统计

钻孔编号	试验段地层	试验段深度 l(m)	渗透系数 K(cm/s)
ZK1	碎石层	0.60	4.15×10^{-3}
ZK2	碎石层	0.30	6.27×10^{-3}
ZK3	强风化白云岩层	0.50	2.88×10^{-3}
ZK4	碎石层	2.20	3.41×10^{-3}
ZK5	碎石层	2.60	6.26×10^{-3}
ZK6	碎石层	6.50	8.43×10^{-3}

表 2-3 钻孔波速测试成果分层统计

岩土名称及代号	横波波速 v_s(m/s)	动剪切模量 G_d(MPa)
碎石	$\frac{255\sim288}{267.7}$(7)	$\frac{123.5\sim157.6}{136.4}$(7)
强风化白云岩	680(1)	971(1)
中风化白云岩	$\frac{876\sim1\ 102}{984.8}$(10)	$\frac{1\ 841.7\sim2\ 914.6}{2\ 337.6}$(10)

2.2.1.2 震旦系灯影组白云岩($Z_{z2}dn$)

强风化白云岩层呈浅灰、灰白色,局部偏黄,碎屑状结构,中厚—厚层状构造,节理裂隙极发育,闭合,岩溶不发育,强风化,岩芯呈砂土状。揭露层厚 0.30~1.30 m,埋深 0~5.90 m,层顶高程 2 400.25~2 566.30 m。主要分布于库区岸坡地段表部。

强风化白云岩层岩体破碎,渗透系数为 2.88×10^{-3} cm/s,具有中等透水性,层厚较薄,不宜作为初期坝的基础持力层,可以作为两岸雨水沟和坝肩雨水沟的持力层和库区排水系统围岩介质。钻孔波速测试,其横波波速 255~288 m/s,动剪切模量 123.5~157.6 MPa,具有较好的抗震能力。具体物理力学特征如表 2-2、表 2-3 所示。

中风化白云岩层呈浅灰、灰白色,碎屑状结构,中厚—厚层状构造,节理裂隙很发育,闭合,岩溶不发育,中等风化,岩芯呈砂状,少量碎块状。揭露厚 14.90~47.90 m,埋深 0~7.20 m,层顶高程 2 384.65~2 502.23 m,局部出露于沟谷底部。通过对裸露基岩的调查,岩体受构造作用影响以及岩体形成时间较早,其完整性程度为破碎—极破碎状。

中风化白云岩层透水率为 $1.03\times10^{-6}\sim9.1\times10^{-5}$ cm/s,具有弱—中等透水性。岩石饱和抗压强度为 53.2 MPa,黏聚力 c 为

8. 6 MPa,内摩擦角 φ 为 43. 8°,岩石的抗压强度和抗剪强度高,可以作为排水系统和坝基的持力层。钻孔波速测试,其横波波速 986 ~1 102 m/s,动剪切模量 1 841. 7 ~2 914. 6 MPa,具有很好的抗震能力。具体物理力学特征如表 2-4、表 2-5 所示。

表 2-4　中等风化白云岩物理力学性质指标统计

统计项目	比重	湿密度 (g/cm³)	干密度 (g/cm³)	吸水率 (%)	孔隙率	平均软化系数	抗压强度		抗剪强度	
							干燥 (MPa)	饱和 (MPa)	黏聚力 (MPa)	内摩擦角 (°)
最大值	2. 85	2. 84	2. 82	2. 0	5. 1	0. 88	96. 9	87. 1	10. 0	44. 2
最小值	2. 72	2. 61	2. 56	0. 7	1. 8	0. 78	31. 8	25. 2	7. 6	43. 6
平均值	2. 80	2. 69	2. 66	1. 2	3. 0	0. 84	63. 1	53. 2	8. 6	43. 8
标准差	0. 06	0. 08	0. 09	0. 56	1. 39	0. 03	17. 28	16. 16	—	—
变异系数	0. 02	0. 03	0. 03	0. 48	0. 46	0. 04	0. 27	0. 30	—	—
统计修正系数	0. 98	0. 98	0. 98	0. 64	0. 66	0. 97	0. 90	0. 88	—	—
统计频数	7	7	7	7	7	7	21	21	3	3

表 2-5　钻孔压水试验结果统计

钻孔编号	试验段地层	试验段深度 (m)	工作管直径 d (mm)	地下水位 (m)	透水率 q(cm/s)
ZK4	中风化白云岩	10. 30 ~15. 60	110	—	3.25×10^{-6}
		15. 60 ~20. 90		—	2.03×10^{-6}
		20. 90 ~26. 20		—	9.1×10^{-5}
ZK7		7. 10 ~12. 90	110	—	1.27×10^{-6}
		12. 90 ~18. 70		—	8.3×10^{-5}
		19. 50 ~25. 30		—	1.7×10^{-5}
ZK8		8. 30 ~13. 80	110	—	2.5×10^{-6}
		13. 80 ~19. 30		—	1.03×10^{-6}
		19. 30 ~24. 90		—	5.6×10^{-5}

通过地质剖面图（见图 2-2、图 2-3）可以看出，库区内主要出露两个地质单元地层，第四系全新统坡洪积物（Q^{dl+pl}）和震旦系灯影组白云岩。在坝址处，第四系坡洪积物（Q^{dl+pl}）主要分布在库区所在沟谷谷底，发育厚度 0.8 ~7.2 m，承载力较高；下部发育震旦系灯影组白云岩，产状走向水平，倾向坝的上游，岩体力学性质好，稳定性好，满足坝基条件。

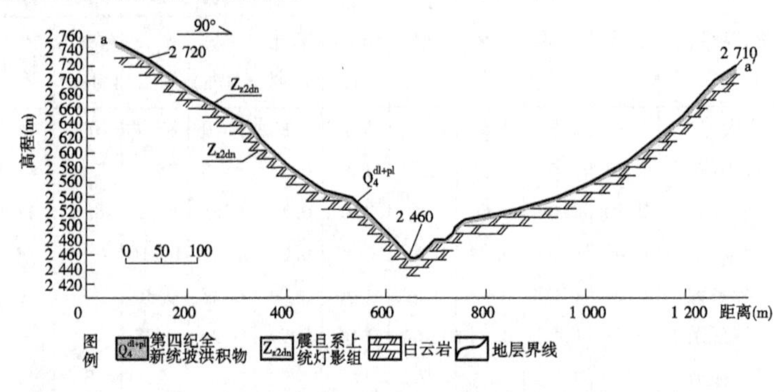

图 2-2　库区 a—a′地质剖面图

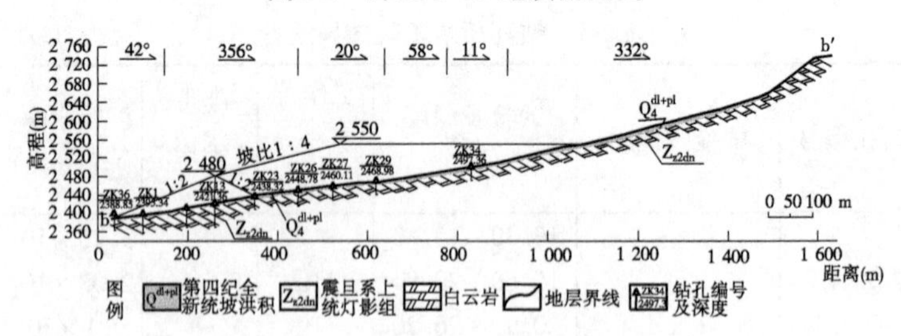

图 2-3　库区 b—b′地质剖面图

2.2.2　区域大地构造位置及主要构造带

尾矿库所在区域位于扬子准地台（Ⅰ）西部的滇东台褶带（$Ⅰ_3$）内的会泽台褶束（$Ⅰ_3^3$），如图 2-4 所示。

库区经历漫长地质演化过程，前震旦系为地台基底形成阶段，

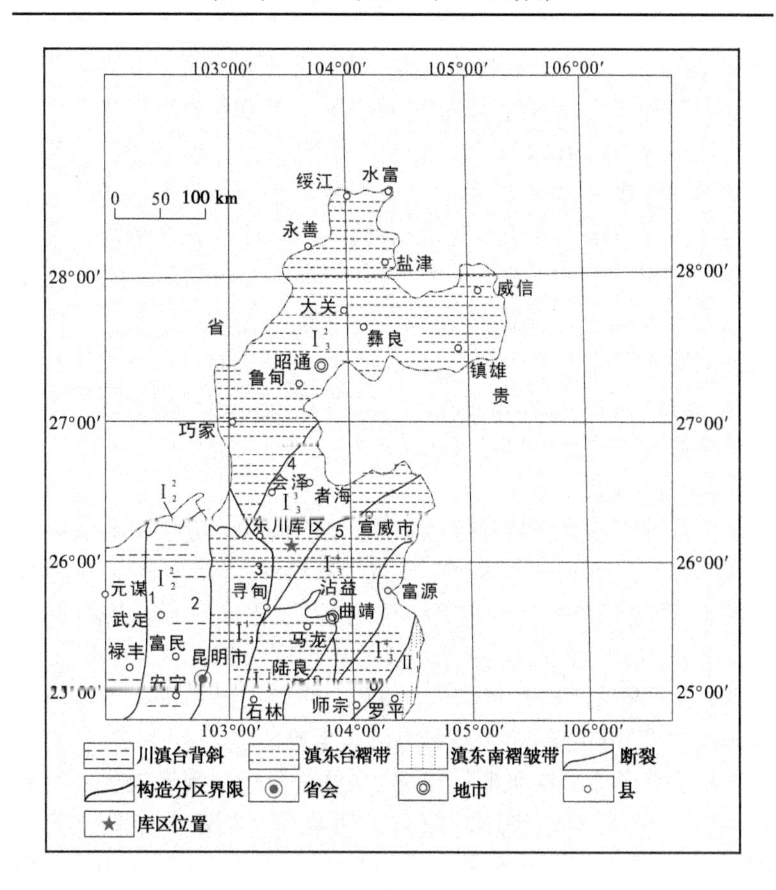

I_1^1—鹤庆—洱海台褶束；I_1^2—永宁—永胜台褶束；I_1^3—苍山—哀牢山台褶束；I_2^1—滇中台陷；I_2^2—武定—石屏隆断束；I_3^1—昆明台褶束；I_3^2—滇东北台褶束；I_3^3—会泽台褶束；I_3^4—曲靖台褶束；II_1^1—罗平—师宗褶断束

断裂编号：

1—罗茨—易门断裂；2—普渡河断裂；3—小江断裂；4—会泽断裂；5—牛栏江断裂；6—弥勒—师宗断裂

图2-4　云南省滇东北地区构造分区图

（资料来源:《云南省构造分区图》）

奠定了滇中及滇东基底构造轮廓。震旦系至中三叠世为相对稳定的地台沉积盖层发育阶段,库区及外围主要地层岩性形成于该时期。晚三叠世以来,为典型的地台活化阶段,以强烈断裂、褶皱和区域性断块隆升为主要特征,使沉积盖层普遍遭受褶皱和断裂变形。受多期及不同性质构造运动的影响,库区所在区域出现复杂多样构造带。以小江断裂带为界,东侧为会泽台褶束(I_3^3),表现出以发育北东向断裂、褶皱带为主,西部为昆明台褶束(I_3^1),以南北向主干断裂与北东向构造复合为主的构造特征。在区域构造位置上,南北向小江断裂带及北东向寻甸—来宾铺断裂带、驾车断裂带是影响库区地壳稳定性的关键构造。

2.2.2.1　小江断裂带

小江断裂带位于康滇地轴以东,走向南北。断裂的北段表现明显,北起巧家以北的金沙江,向东经新塘湾,向南经蒙姑,而后分成两支,西支经嵩明、澄江,更南至通海,与楚雄—通海断裂交会;东支经东川、寻甸、宜良、建水后抵达红河断裂带,全长约 400 km,总体走向 340°,断面产状 257°∠87°。断裂主要发育在古生界沉积岩层中,部分地段发育在中生界、新生界地层中。

断裂由若干条次级断层组成,主要呈左行斜列式展布。断裂带上岩石破碎,构造挤压现象十分明显。小江断裂东支全长约 200 km,走向由 350°逐渐转变为 10°左右,倾角为 42°~80°,局部地段可达 80°以上,断裂性质以压性为主。库区位于小江断裂东支的次一级断裂东川—田坝断裂东侧,断裂带宽,为地震破裂段,常见有断层切割晚第四系地层,显示了强烈新构造运动特征。

2.2.2.2　寻甸—来宾铺断裂带

寻甸—来宾铺断裂带北起小箐山,向西南经坪子、盆河、车乌、鲁冲,至寻甸盆地,全长 180 km。该断裂属基底断裂,为早第四系活动断裂,曾多次发生 5.0~6.75 级地震。

2.2.2.3　驾车断裂带

其西南端与小江断裂带交会，长约 20 km，走向大约 NE80°，倾向西北，倾角 55°～65°。在会泽县驾车公社 1 km 处，地层界线与断层线呈直交关系，南盘下寒武统沧浪铺组红井哨段冲覆在北盘上泥盆统宰格组下段之上，断层破碎带宽达数 10 m，在破碎带中发育一组垂直断层线的张裂隙，此外南盘地层相对于北盘有向北东的错移，该断层为一条压扭性断层。该断层的西段被两条北西向断裂切割。

尾矿库所在河谷为沿小江断裂带分布的一条河谷，河谷地貌及地质构造受小江断裂带控制。库区基底岩层属单斜构造（见图 2-2、图 2-3）。岩层走向近东西向，倾向近北向，倾角 17°～37°。库区内及其周边 500 m 范围内未发现断层。离库区最近的断层其断裂破碎带宽 1.5～10 m，沿断裂带岩体节理裂隙发育，易发生密集型滑坡，库体周边山体失稳可能性较高。

2.3　库区新构造运动特点

2.3.1　区域新构造分区

云南自新第三系以来，由于受喜马拉雅山抬升的影响，新构造运动无论从强度或幅度上，均表现得十分强烈。其特征具有明显的继承性、间歇性和掀升性。主要表现为老构造复活，现代地貌发育受老构造的控制，尤其是深大断裂的控制更加明显，许多新生代断陷盆地多沿老断裂带分布。新生代、第四系地层中的新断层大多和老断裂带方向一致；云南高原面被解体后形成多级，阶地也有多级存在特征，表明云南新构造运动是间歇性上升；掀升性则主要表现在云南新构造运动上升幅度具有由西北部向东南部逐渐减弱的趋势。赵维武根据 1∶50 万云南省新构造运动类型图及其特征，将云南新构造运动划分出 4 个二级区,如图 2-5 所示。

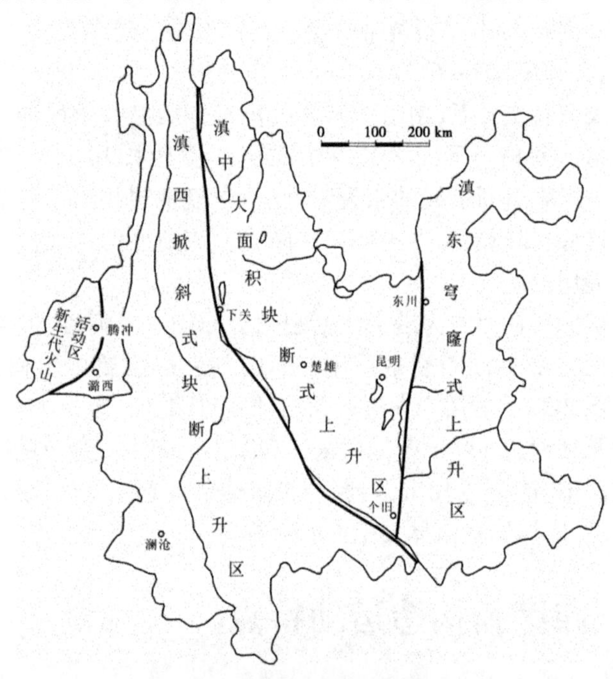

图 2-5　云南省新构造运动分区图

(资料来源:《云南省国土资源遥感综合调查报告》)

(1)滇东穹窿式上升区(拱形隆升区):包括小江断裂以东,除滇东北外的全部地区。表现为以曲靖—陆良为中心的差异性穹窿式上升,新构造运动幅度较小。

(2)滇中大面积块断式上升区(也称滇中块断隆起区):分布在小江断裂以西,红河深大断裂以东的广大地区。其特点为大面积的块断式上升,差异幅度较小,高原面呈波状起伏,保存完整。

(3)滇西掀斜式块断强烈上升区:分布在红河深大断裂以西、龙川断裂以东的广大地区。从上升幅度来看,表现为北部强、南部弱的掀斜式差异抬升。高原面在丽江、中甸一带高达 5 000 m,向南到思茅、普洱一带仅2 000多m。

(4)新生代火山活动区:分布在龙川江以西地区。主要表现为新生代以来强烈的多期性火山活动。

2.3.2 库区新构造运动基本特点

尾矿库在新构造分区中处于滇东穹窿式上升区,其西侧紧邻滇中大面积块断式上升区。库区所在区域新构造运动较为活跃,以断块差异升降运动为主,上更新统以来具有明显的强烈抬升,新构造运动类型为穹状强烈隆起型。该区域由于第四系和近代的急剧上升,河流下切很深,小江断层峡谷中发育约200 m的第四系湖相堆积已成为峡谷东岸的基座高阶地。

库区新构造运动具有继承性、间歇性、更新性特征。库区区域内主要控制性断裂——小江深断裂有活动迹象,并伴有新的褶皱及断裂形成。在小江断裂东支两侧发育有北东至北北东向新生代褶皱和断裂,其中有些断裂在第四系重新活动,成为控制地貌、水系与盆地发育的重要活动构造边界。如东川、寻甸盆地为小江断裂左旋走滑断裂带形成的拉分盆地,库区所在的驾车湾的形成深受蒙姑—东川断裂和驾车断裂的影响,库区所在的大白河河谷的形成也深受东川—田坝断裂束的影响,在河谷沿线塌方、断壁、冲积扇均非常发育,沿河谷还分布有众多温泉。

从整个区域上分析,地质构造复杂,新构造运动及地震活动表现较为频繁,震级亦大。

2.3.3 近场区主要断层活动性分析

尾矿库所在区域内以深大断裂广泛分布为特征,可分为南北(近南北)向、北东向和北西向三组。库区则夹持于南北向的小江断裂东支和北东向寻甸—来宾铺断裂、驾车断裂之间。

2.3.3.1 小江断裂带

小江断裂带形成于晋宁期,为“康滇菱形断块”的东缘断裂。全新世活动,历史上曾经发生过7~8级强烈地震。通过航片和踏勘,小江断裂带西支上如松毛棚、龙潭箐、甸沙盆地西缘、水马田、陆良山等地都清晰可见断层错断地质体、水系、山脊,发生左旋位移特征。小江断裂带东支也见左旋位移特征,吊嘎河北岸见第四系断层剖面,且错断河流左旋位移34.5 m,小龙潭段水系被左旋位移量达几米至1 000多m,在宜良盆地东缘断层带、宜良—徐家渡断层带上也见断层错断水系发生左旋位移的特征。在沧溪盆地南端小冲沟中出露的断层剖面,清晰可见由于断裂的走滑运动使上更新统与全新统砾石层发生扭曲现象,如图2-6所示。由此可见,第四系以来,小江断裂以强烈的左旋走滑运动为特点,晚更新世晚期以来平均速率达8.4 mm/年。沧溪盆地南端—龙潭箐段为断层槽地,并且在槽地中有小水塘发育,反映了小江断裂至今仍在活动。

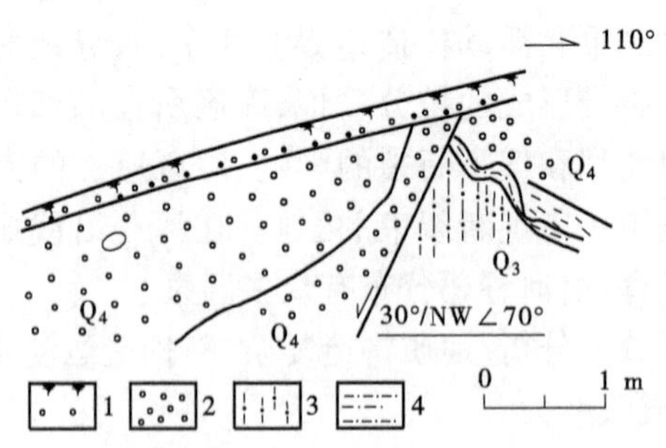

1—残坡积砂砾;2—灰绿色、褐色砾石层;
3—暗红色黏土夹砾石;4—紫红色砂质黏土

图2-6 沧溪盆地南端小冲沟中断层剖面

小江断裂东支活动性特征表现在如下四个方面:

(1)构造应力以压性为主。在功山—寻甸盆地西缘段,双龙潭以北地区，出现断层槽地呈羽列状展布现象；清水沟断层剖面上也可见压应力作用下导致地层扭曲、错断现象；宜良—徐家渡段，永和村南断层槽地西侧剖面也见压性断层错断第四系地层的现象，如图 2-7 所示。

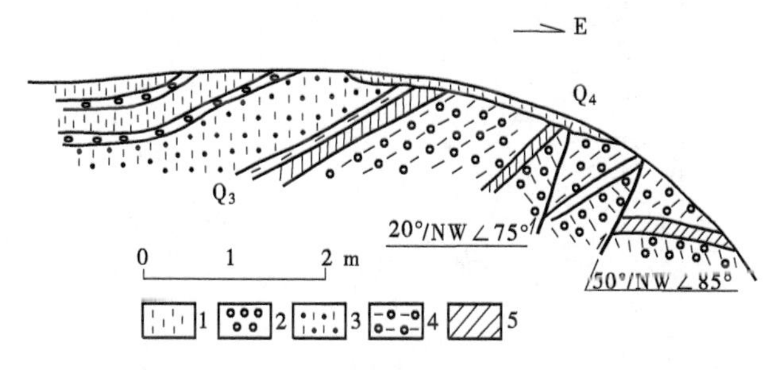

1—砖红色黏土；2—黄褐色砾石层；3—黄褐色、棕红色砂质黏土；
4—砖红色、棕红色黏土夹砾石；5—灰黑色有机质黏土

图 2-7　永和村南槽地西侧断层剖面

（2）新构造时期以来，小江断裂东支活动表现为强烈左旋走滑运动及两侧断块垂直差异活动特征。晚更新统以来，左旋走滑运动所产生的错段地貌十分明显，如断崖、堑形槽、谷地、洼地、构造残山、断坎、断塞湖及山脊水系扭错等现象，东支断裂带共勘察到 176 处观测资料。由小新街—宜良次级剪切断裂所在区域可见，许多冲沟出现多期位移现象，通过冲沟的形成时代可判断断层活动时间是从中更新统晚期到全新统，如中米户—麻邑水系左旋位移现象，如图 2-8 所示。根据水系及地质体断错位移量估计，最大左旋位移可达 5 ~ 7 km，晚更新统以来平均滑动速率最大达 6 ~ 9. 8 mm/年。小江断裂东支断块垂直差异活动特征主要表现在断层所控制的盆地的发育特征和断层陡坎的位移现象，在东支断裂带处发育的东川盆地西缘、小新街盆地东西两侧、寻甸盆地西侧、宜良盆地东西两侧，它们均是由上新统—早更新统发育至今的，如东川盆地地形地质剖面，如图 2-9 所示。在东支断裂上出露的最

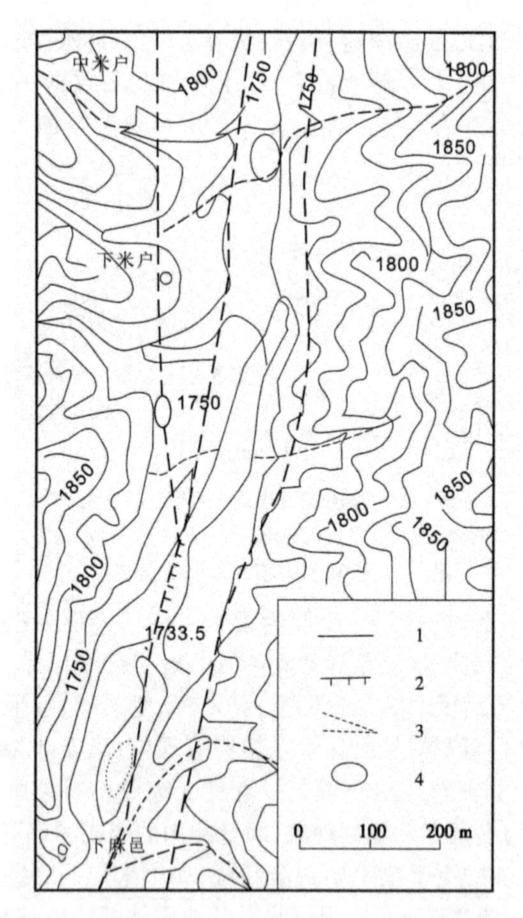

1—断层;2—断层陡坎;3—冲沟;4—沼泽

图 2-8 中米户—下麻邑水系左旋位移分布图

大断层陡坎位于宜良—徐家渡次级剪切断层北端全新世早期发育的洪积扇和Ⅰ、Ⅱ级阶地上,最大位移量达 9 m。根据盆地面最低剥夷面海拔和盆地面海拔及第四系堆积层厚度估计晚更新统以来垂直位移速度为 0.71 ~ 2.5 mm/年。由以上判定,小江断裂东支新构造运动强烈,并具有多期构造运动特征,该断裂的左旋走滑运动及垂直差异活动特征影响着库区周边山体、水系、地质地貌等位移及稳定性。

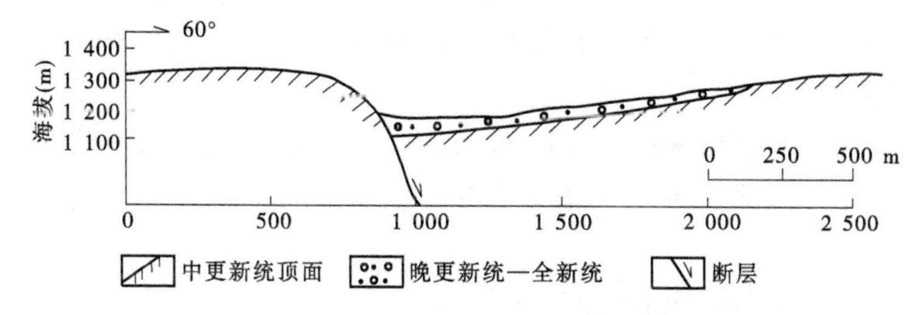

图2-9　东川盆地地形地质剖面图

(3)小江断裂东支活动性历史长,迄今为止仍在活动。在丰乐村西出露的断层剖面切割了全新统残坡积层,并且发育多条长数百米,宽1.5 m的地裂缝;小江断裂东支规模最大的盆地——宜良盆地西侧张剪切断裂带沿线上出露多个温泉,说明断层仍在强烈地活动着。

(4)断裂活动重心纵向上由南向北迁移,如功山—寻甸次级剪切断层寻甸以南段自上新统以来一直控制着寻甸盆地西缘的发育,晚第四系以来活动减弱,而该断层北段断层对晚第三系至早第四系的盆地发育不起控制作用,但现今该段断层在地貌上表现出清楚的槽地和沟槽,并且在1713年的寻甸地震中还沿该断裂形成了地表破裂带。小江断裂东支为西南乃至中国大陆上一条著名的强震发生带,地震活动强烈,以强度大、频度高为特征。

2.3.3.2　寻甸—来宾铺断裂

该断裂为基底断裂,活动时代 $Q_{2\text{-}3}$,具右行压扭特征。该断裂西南段在地貌上主要表现为断层崖、断层三角山、断层槽地,在化桃箐附近,有化桃箐河Ⅱ级、Ⅲ级阶地沿断裂错段错位,右旋水平滑动速率达2.1 mm/年,断错晚更新统红黏土层。该断裂东北段断台和残山地貌清晰,控制着沿线山体和水系的发育,扯卓河右岸的上新统末—早更新统初夷平面高出左岸约200 m,表明该断裂具有第四系活动性,从地层的切盖关系可推断其最强烈的活动发生在早更新统,如大赤章附近的采石场中的断层破碎带呈风化状,中更新统形成的残积红土未见后期构造扰动。沿该断裂带曾多次发生5.0~6.75级地震。

驾车断裂为压扭性断裂,断层两盘位移量不大,南盘地层相对北盘地层呈北东向错移,表现出左行扭动特征。

2.4 库区地震活动特征

2.4.1 工程场地区域历史地震及其分布

工程区域地震活动总体空间分布特征表现出沿断裂构造带发育的重复性。区域强震相对集中在会泽—东川—嵩明一带,多次发生7.0级以上的地震。区域内 $M \geqslant 7.0$ 的地震受活动断裂的控制,小江断裂带为主要的地震控制构造带,在该活动断裂带上地震强度大,重复率较高,自公元1500年以来,发生过11次6.0~6.9级地震,3次7~7.9级地震,1次8.0级地震,并且是东、西支断裂强震活动交替发生,如表2-6所示。

表2-6 小江断裂中断6级以上地震重复活动情况

地震时间(年-月-日)	震中位置	震中烈度	震级	发震断裂
1500-01-04	宜良	≥Ⅸ	≥7.0	东支
1713-02-26	寻甸	Ⅸ	6.75	东支
1725-01-08	宜良白土坡	Ⅸ	6.75	东、西支间
1733-08-02	东川紫农坡	Ⅹ	7.75	东支
1833-09-06	嵩明杨林	≥Ⅹ	8.0	西支
1927-03-15	寻甸羊街	Ⅷ	6.0	西支
1966-02-05	东川	Ⅸ	6.5	东支

尾矿库工程区域内对工程地质环境影响最大的小江断裂表现出明显的地震活动分段性。断裂北段(巧家—东川)历史上记录到 $M \geqslant 4.7$ 的地震 13 次,最大地震为 6 级,属于中强地震活动段。断裂中段分为东、西两支,东支断裂经东川、寻甸至宜良,西支断裂经乌龙、嵩明至澄江,两支断裂间距 12 ~ 16 km,属于大震活动地段,如 1733 年东川发生了 7.75 级地震,1833 年嵩明发生了 8 级地震。宜良、澄江以南为断裂南段,6 级以下地震较频繁。

尾矿库工程区域内地震活动主要受控于小江断裂和寻甸—来宾铺断裂。自 1500 年始有破坏性地震记载,至今统计3.0 ~ 4.7 级地震有 60 多次,有 $M \geqslant 4.7$ 级地震 40 多次,其中 6 级以上 13 次,7 级以上 4 次,最强 8 级 1 次。1500 年以来,仅在小江断裂的云南段上就发生十多次 6 级以上地震。例如,1500 年 1 月 4 日宜良 7.5 级地震,1571 年 9 月 9 日通海 6.3 级地震,1588 年 6 月 18 日曲江 7.75 级地震,1713 年寻甸 6.75 级地震,1725 年万寿山 6.75 级地震,1733 年东川 7.75 级大地震,1763 年 12 月 30 日江川 6.5 级地震,1833 年 9 月 6 日嵩明 8 级大地震,此次地震波及面广,对昆明影响达 8 度,1966 年 2 月 5 日东川 6.5 级地震。

另据会泽县地震局 1733 年 8 月至 2005 年 8 月资料统计,会泽县境内共发生大小地震 29 次,其中 3.8 ~ 5.5 级地震 25 次,占 86.2%;6.0 ~ 6.5 级地震 3 次,占 10.3%;7.5 级地震 1 次,占 3.5%。2005 年 8 月 5 日,东川、会泽、巧家三个县交界处发生 5.3 级地震,17 个乡镇 3.4 万户 12.9 万人不同程度受灾,直接经济损失 3.7 亿元。历次地震均有不同程度的屋瓦震落、房屋倾倒和人员伤亡。

2.4.2 地震活动对尾矿坝稳定性影响

库区位于川滇菱形块体东部,毗邻小江断裂带。地震地质研究表明,小江断裂带为云南省最重要的全新统活动断层,该断裂带控制的地震震级大、频度高。受 NW 向构造应力场的控制，地震破坏类型以走滑型为主，占 80% 以上，主要为浅源地震，一般震源深度 10 ~ 20 km，最浅为 4 ~ 6 km。根据前面区域断层的新构造运动特征研究结果，小江断裂东支断层活动重心具有由南向北迁移的特征，而库区所在位置正处于东支断裂北部，所以区域地质环境的发展趋势是地壳活动愈加强烈。库区近场区也有地震发生；在区域新构造运动环境和近场区地质环境影响下，尾矿库的稳定性都将受到影响，在地震作用下可能发生滑坡和流滑。

第 3 章　尾矿料微观特性及其宏观力学性质

土体的微观特征与土体宏观力学性质关系密切。土体的成分、颗粒结构、孔隙发育特征等,决定着土体的物理力学特征。尾矿是选矿分选作业的产物,特殊的成因使得其具有特殊的结构,如粒径比较小,比表面积比较小,化学成分复杂等。这些特殊的微观特性使得尾矿料的力学性质不同于黏性土等其他土体。对于尾矿料,由于含有特殊矿床的物质残留体,经过选矿分选后,其微观特征也会出现很大的差异,从而令其力学特征和变形特征存在大的差异。为了能更好突显出磷矿细粒尾矿料的微观特性,选取了粗粒土中的砂和与尾矿料同属细粒土的红黏土进行试验对比分析,研究尾矿料的化学成分、颗粒组成、孔隙结构等微观结构特征,并进一步开展尾矿料宏观力学性质研究。

3.1　微观特性

微观特性研究中所采集的试样为磷矿尾矿料,采集地点分别为尾矿库的上游(尾矿料 1)、中游(尾矿料 2)和下游(尾矿料 3)。做类比试验用的云南红土采自昆明市市郊,采集后经过风干、碾压、过筛;砂土采用普通建筑用的河砂。对三种土样分别进行化学成分分析试验、孔径分析试验、比表面积测定试验。

3.1.1　尾矿料成分特点

粗粒土的颗粒粒径和级配对土的工程性质有着很大的影响,

但对细粒土来说,矿物成分对土的工程性质起着至关重要的作用,直接影响着土对水的吸附能力、土体结构稳定性、渗透性能、压缩变形能力和力学强度等。

磷矿属于沉积矿床,是由风化、沉积作用形成的,形成时经过分异作用的影响,所以与内生矿相比,矿物成分单一,其矿物成分主要为胶磷矿和白云石,胶磷矿在精选过程中被选走,留下来的为磷矿尾矿料,因此磷矿尾矿料中白云石为主要矿物成分,通过X射线荧光光谱仪检测,三种土样的化学成本如表3-1所示。从表3-1可以看出,尾矿料中MgO、CaO的含量明显较高,同时由于尾矿料中仍残留一些磷矿,所以P_2O_5含量也比其他类型土高。与金属矿床相比,磷矿尾矿料的成分中硅质含量明显较低,硬度也明显低于金属尾矿料,而且磷矿尾矿料中的成分不如金属矿尾矿料复杂,它们的化学性能具有很大的差异,从而导致它们的颗粒组成结构和孔隙结构特征都有所不同。

表3-1 三种土样的化学成分

化学成分(%)	SiO_2	Al_2O_3	Fe_2O_3	TiO_2	MgO	P_2O_5	CaO	其他
红黏土	34.3	29.2	27.60	6.63	0.38	0.32	0.23	1.34
砂土	74.6	1.78	0.87	0.14	7.16	0.09	14.90	0.46
尾矿1	10.5	1.40	1.06	0.09	16.20	13.60	54.60	2.55
尾矿2	13.6	2.48	1.52	0.11	14.50	13.40	50.00	4.39
尾矿3	13.8	2.40	1.49	0.11	14.30	13.50	49.90	4.50

磷矿尾矿料经过浮选,粒度很细小,但与同属细粒土的黏土相比,其成分不如黏土复杂,且次生矿物含量较低。通过成分检测结果(见表3-1)可以看出,红黏土中Al_2O_3含量明显高于磷矿尾矿料中的含量,同时磷矿和红黏土都是风化、沉积作用形成的,但磷矿尾矿料中SiO_2、Fe_2O_3的含量明显低于红黏土。由此可见,即使粒

度相近，磷矿尾矿料的成分与红黏土的成分差距较大，它们的微观结构和物理力学性质会有很大的区别，在土体研究中不能用黏土特性代替尾矿料。

为了在后续研究中发现尾矿料具有独特的微观结构和物理力学特性的原因，在此选择了粒度和成分具有较大差异的砂土做对比分析。通过成分检测结果（见表3-1）可以看出，砂土中主要为SiO_2，而其他主要矿物的含量都低于尾矿料，所以尾矿料的成分要比砂土成分复杂。

由尾矿料的成分特征可以分析出磷矿尾矿料具有亲水性能，表现出一定的吸附水的能力，其化学稳定性较砂土差但好于红黏土，孔隙水的含量对尾矿料的力学性质会产生很大的影响。

综合以上分析，磷矿尾矿料由于具有特殊矿体成分，同时是经过浮选而得到的颗粒细小的特殊土体，其性质会与其他土有很大区别，所以进一步研究其孔隙结构、颗粒组成结构特征对后期研究尾矿坝的稳定性具有重要意义。

3.1.2　尾矿料孔隙结构特征

土体的孔隙结构主要指孔隙大小、组成结构。土中孔隙类型按照存储空间分为基质孔和间隙孔。基质孔主要有残余原生孔、有机质转化形成孔、矿物晶粒间孔、黏土矿物石在变化过程中产生的微裂隙孔和不稳定矿物成分溶蚀而成的溶蚀孔等。间隙孔是矿物颗粒堆积时形成的颗粒间的孔隙。土孔隙按照孔径大小又可分为三类：微孔（小于2 nm的孔）、介孔（2～50 nm的孔）和大孔（大于50 nm的孔）。

孔隙结构直接影响着饱和、非饱和土的物理力学性质。尤其是非饱和土中，土孔隙的大小和分布特征影响土的持水性能和孔隙中气体的存在形式，进而影响非饱和土的宏观力学性质。

为了分析尾矿料的孔隙结构特征，对尾矿料、红黏土和砂土做了吸附—脱附试验、孔径分布测定试验，以及比表面积、总孔体积和平均孔半径测定试验，并对不同种土样试验结果进行了对比分析。试验结果如图3-1～图3-5所示。

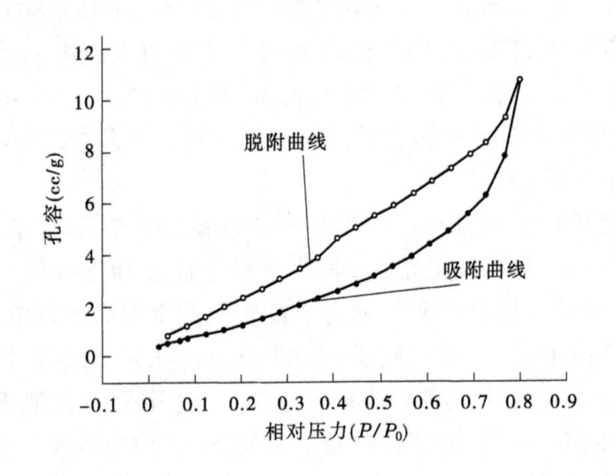

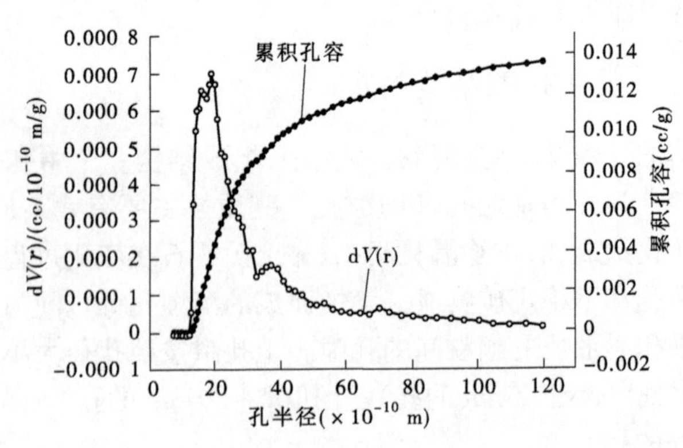

图3-1 尾矿料1的吸附—脱附曲线及孔径分布曲线

利用BET设备对几种土样的比表面积、总孔体积和平均孔半径进行测试，结果见表3-2。

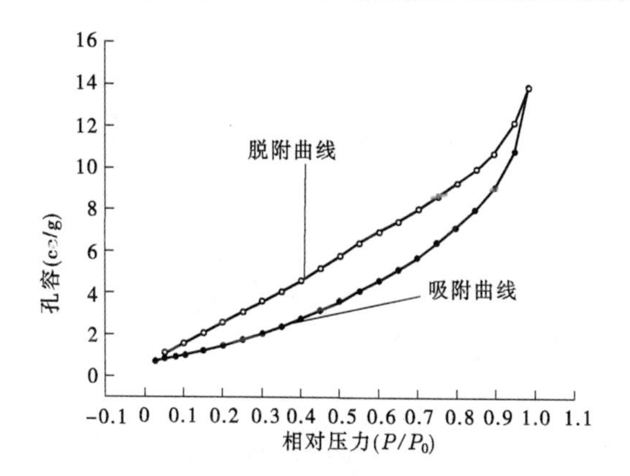

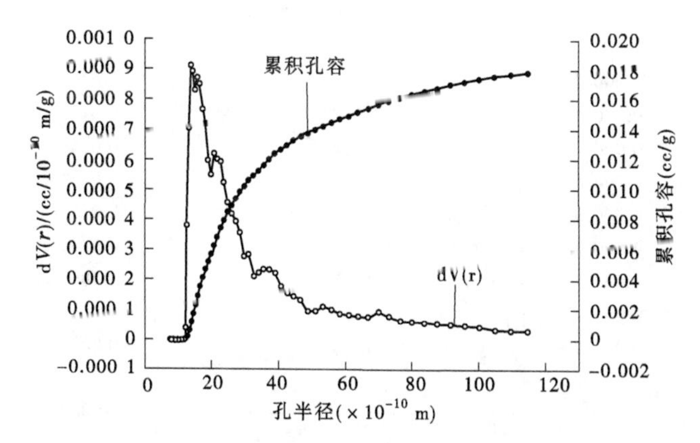

图3-2 尾矿料2的吸附—脱附曲线及孔径分布曲线

从孔径分布测定试验结果可以看出:

(1)几种尾矿料的孔隙分布特征基本一致,孔隙直径分布范围主要集中在2.5~8 nm,绝大部分为介孔,分布最多的孔隙直径在3 nm左右。

(2)红黏土的孔隙直径分布比较广,有介孔,也有微孔,孔隙直径分布范围主要集中在1~24 nm,孔径分布曲线出现了几个峰值(见图3-4)。

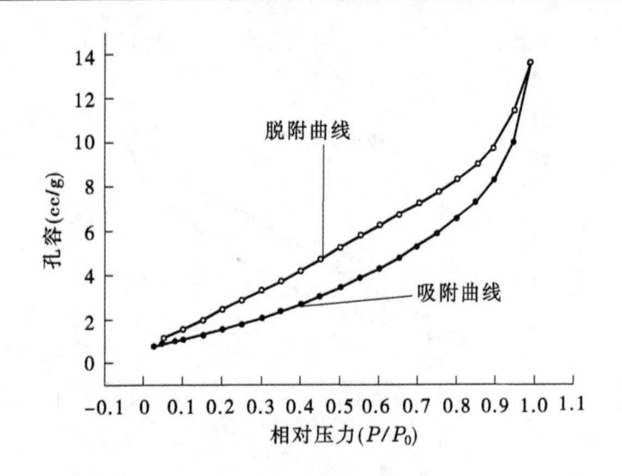

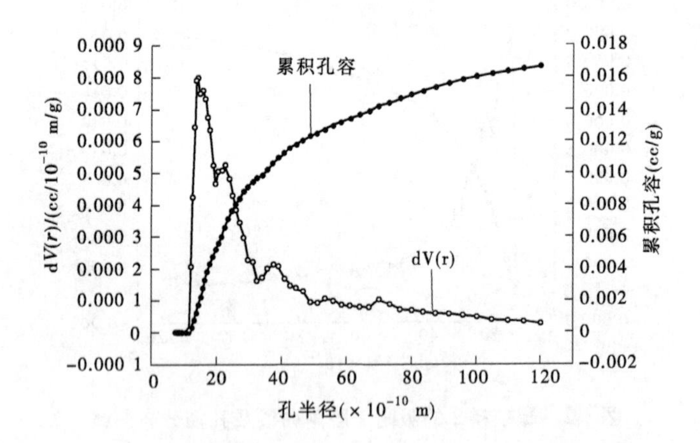

图 3-3　尾矿料 3 的吸附—脱附曲线及孔径分布曲线

(3)砂土的孔隙分布特征与尾矿料相似,孔隙直径分布范围主要集中在 3 ~ 10 nm,绝大部分为介孔,分布最多的孔隙直径在 3. 5 nm 左右(见图 3-5)。

(4)尾矿料的累积孔容是砂土的 2 倍以上,却远小于红黏土的累积孔容。

从吸附—脱附曲线可以看出:

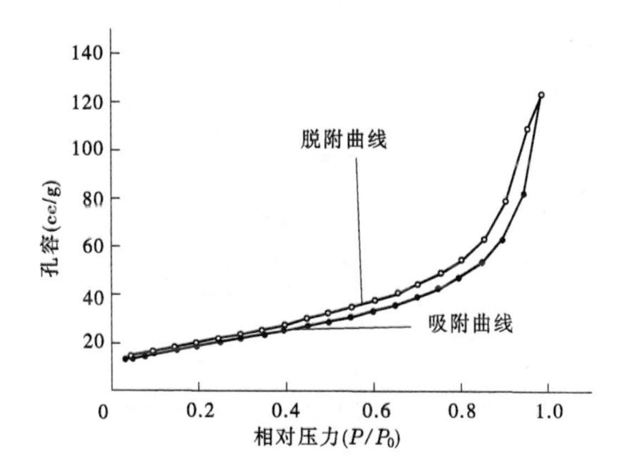

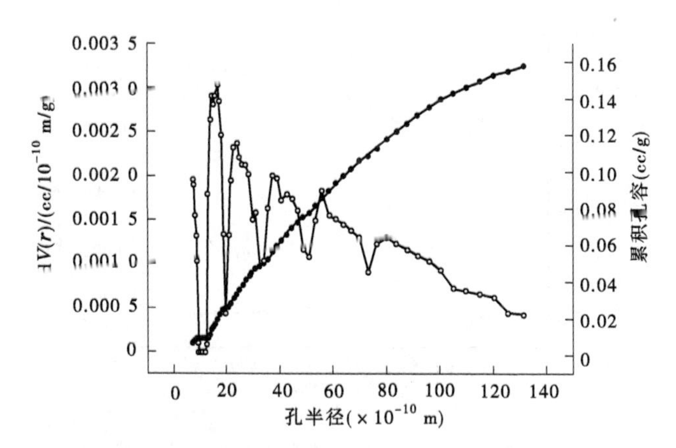

图 3-4　云南红黏土的吸附—脱附曲线及孔径分布曲线

(1)尾矿料、砂土和红黏土的吸附—脱附曲线均出现滞回环，这是由于吸附质 N_2 在介孔中发生了毛细凝聚现象，导致脱附等温线位于吸附等温线上方，无法重合，从而出现吸附滞后现象，这与几种土样的孔径分布主要集中在介孔范围内的特征相吻合。

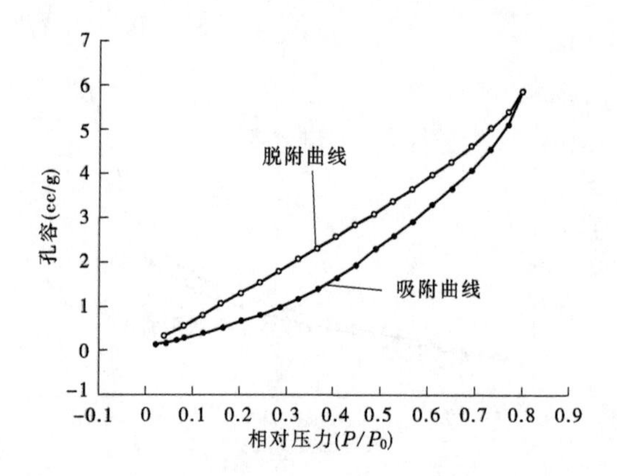

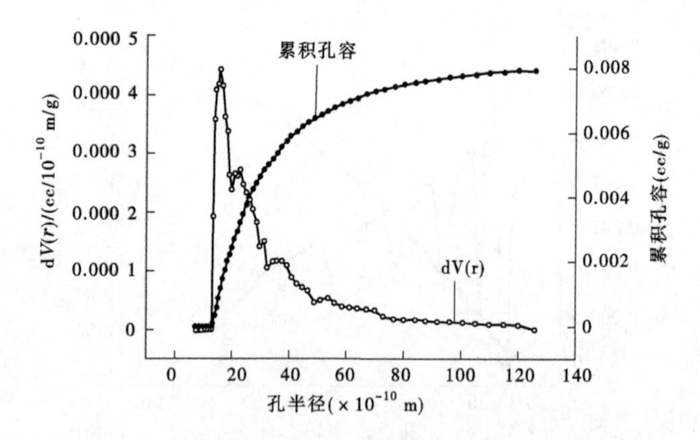

图 3-5 砂土的吸附—脱附曲线及孔径分布曲线

表 3-2 几种土样的比表面积、总孔隙体积和平均孔隙半径

样品	比表面积(m^2/g)	总孔体积(cc/g)	平均孔半径($\times10^{-10}$ m)
红黏土	68.217	0.191	55.904
砂土	3.453	0.009	52.547
尾矿料 1	4.944	0.017	66.904
尾矿料 2	6.674	0.022	64.720
尾矿料 3	6.563	0.022	64.189

（2）尾矿料的吸附—脱附曲线的滞回环相对红黏土的滞回环较宽厚，说明尾矿料对吸附质 N_2 的吸附能力强。这与尾矿料和红黏土的化学成分息息相关，尾矿料中 MgO、CaO 和 P_2O_5 含量较高，红黏土中 SiO_2、Al_2O_3 和 Fe_2O_3 的含量较高（见表 3-1）。但是在相对压力较大时，尾矿料的吸附量要远远低于红黏土，这与红黏土的基质孔容远大于尾矿料的基质孔容有关（见表 3-2）。

（3）尾矿料的吸附—脱附曲线的滞回环相对砂土的滞回环也较宽厚，但形态相近，说明尾矿料对吸附质 N_2 的吸附能力略强于砂土，这与尾矿料和砂土的化学成分差异有关，砂土中 SiO_2 为主要成分，而尾矿料中 CaO 为主要成分（见表 3-2）。但是在相对压力较大时，尾矿料的吸附量略高于砂土，这也说明与尾矿料的基质孔容略大于砂土的基质孔容有关（见表 3-2）。

这些吸附与脱附规律和孔径分布特征在很大程度上反映了土颗粒的孔隙结构特征和土样成分的化学吸附性能。事实上，在许多情况下，吸附剂的孔隙大小不仅影响其吸附速度，而且还直接影响其吸附量的大小；同时土样的化学成分也会影响吸附与脱附的速度。

从表 3-2 看出，红黏土的总孔体积最大，尾矿料的次之，砂土的最小。几种土样的比表面积与总孔体积的规律相似，红黏土的比表面积远远大于尾矿料和砂土，尾矿料的比表面积又比砂土的比表面积大一倍。然而，不论是黏土、尾矿料还是砂土，其平均孔半径相差并不大，砂土的平均孔半径最小。一般说来，黏土的孔半径应该是最小的，尾矿料次之，砂土的最大。然而试验结果却并非如此，为进一步分析其原因，从粒径方面考虑，表 3-3～表 3-5 分别给出了红土、砂土和尾矿料的粒径分布。

表 3-3　红黏土的粒径分布

颗粒组成（%）	>0.5 mm	0.5~0.1 mm	0.1~0.05 mm	0.05~0.005 mm	<0.005 mm
红黏土	10.12	17.14	22.14	38.5	12.1

表 3-4　砂土的粒径分布

颗粒组成（%）	2~1 mm	1~0.5 mm	0.5~0.25 mm	0.25~0.1 mm	<0.1 mm
砂土	18.53	33.75	22.14	13.99	11.59

表 3-5　尾矿料的粒径分布

颗粒组成（%）	粉砂 0.075~0.05 mm	粉粒粗 0.05~0.01 mm	粉粒细 0.01~0.005 mm	黏粒 <0.005 mm	胶粒 <0.002 mm
尾矿料 1	20.5	49.6	11.7	13.5	4.7
尾矿料 2	11.6	42.7	15.1	22.1	8.5
尾矿料 3	10.2	46.2	16.4	19.6	7.6

从表 3-3~表 3-5 可以看出，砂土的颗粒粒径最大，黏土和尾矿料的颗粒粒径都很小，主要集中在 1~50 μm 这个范围。而前面提到的几种土样的平均孔隙半径基本是一致的，归其原因，主要还是试样本身所决定的。在测量孔隙的平均半径时，几种土样都是松散地堆积在一起，没有进行任何压实。由此可见，颗粒松散的堆积下的孔隙半径受粒径影响比较小，主要受基质孔的控制。

土体的孔隙结构特征关系着土体的宏观力学特性。经过以上试验分析发现，尾矿料的孔隙主要为介孔，孔隙最大吸附量远小于红黏土,也就是尾矿料的基质孔容远小于红黏土,相对红黏土孔隙不发育。矿物颗粒的基质孔发育情况直接影响着土体的力学性质,矿物成分的类型也会影响土的力学强度,所以同时结合尾矿料的成分和基质孔发育情况判定尾矿料颗粒的结构稳定性高于红黏土;而尾矿料矿物基质孔容略大于砂土,所以初步判定尾矿料的结构稳定性低于砂土。BET 试验结果中,尾矿料的比表面积远小于红黏土但高于砂土,这与尾矿料的基质孔容小于红黏土有关。比表面积小、基质孔容小,结合水不发育,矿物吸附水能力小,所以尾矿料的吸附能力弱于红黏土,强于砂土,这也证明了尾矿料的黏聚力小于红黏土,但高于砂土。土体的孔隙结构特征还影响着土体的渗透性和压缩性,几种土样的吸附—脱附试验、比表面积和总孔体积测定结果表明,尾矿料的三项指标介于红黏土和砂土之间,说明尾矿料的渗透性和抗压缩变形能力也介于红黏土和砂土之间。孔隙结构在研究非饱和土的力学强度中起着至关重要的作用,孔隙结构特征关系着土孔隙内的孔隙水和孔隙中空气的分布规律,影响非饱和土的基质吸力,进而影响非饱和土的强度。

3.1.3　尾矿料颗粒结构特征

利用颗分试验和电镜扫描试验对尾矿料的颗粒结构特征进行研究。颗分试验结果如表 3-5、图 3-6 所示。可以看出,尾矿料的颗粒组成级配连续,结合尾矿料的液、塑限测试结果确定尾矿料颗粒为粉粒。

利用扫描电镜得到尾矿料 1、尾矿料 2 和尾矿料 3 的 SEM 照片,如图 3-7~图 3-9 所示。从 SEM 照片中可以清楚地看到,尾矿料呈单粒结构。相同的体积下,球体所占的面积是最小的。由前文可知,尾矿料的颗粒比黏土颗粒还细小,而尾矿料的比表面积却比黏土小很多,几乎和大颗粒的砂土差不多一个数量级,因此尾矿料的结构不仅是单粒结构,且颗粒形状接近球体。

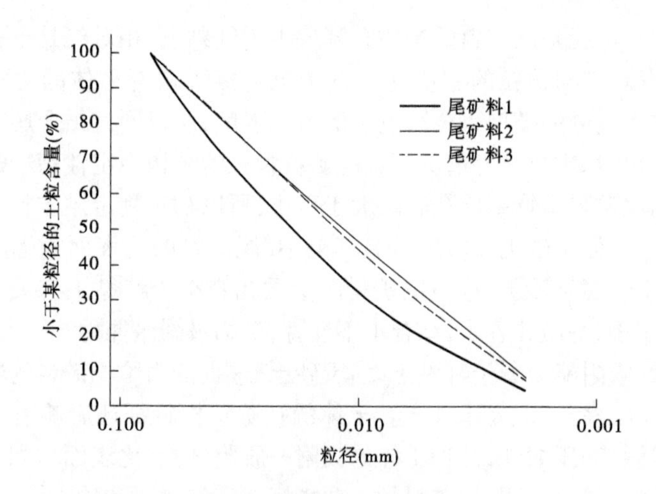

图 3-6　尾矿料累计曲线

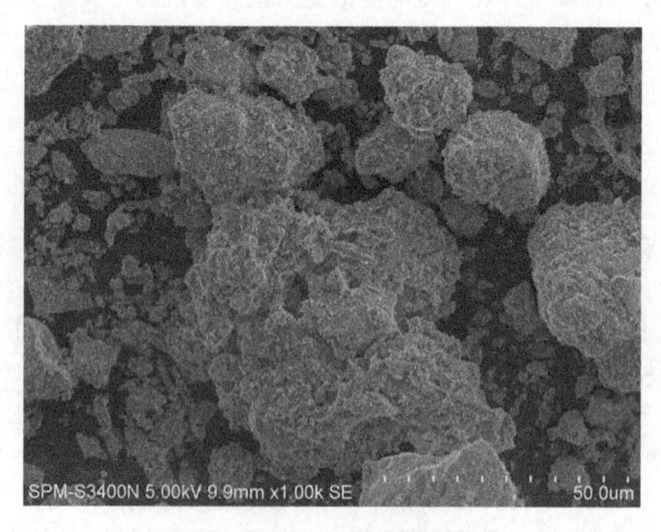

图 3-7　尾矿料 1 的扫描电镜图片

图 3-8　尾矿料 2 的扫描电镜图片

图 3-9　尾矿料 3 的扫描电镜图片

3.2　尾矿料的基质吸力

尾矿库最关键的安全问题是稳定性问题。尾矿库的形成是一个不断堆积、不断经历干湿循环的过程，这一特点决定了尾矿库的稳定性分析必须考虑其非饱和性，而基质吸力是判断尾矿坝非饱和区稳定性的关键参数。基质吸力是孔隙气压力 u_a 与孔隙水压力 u_ω 之差，主要反映土的基质对水的吸持作用。基质吸力的变化规律受土的成分、土体孔隙结构和土体颗粒结构的影响。

目前，通过理论计算获得土体的吸力值很困难，而且可靠性也有待验证，所以主要采用试验法，直接或间接测量土体的吸力。吸力测量的试验方法主要有湿度计法、轴平移法、热传导法、张力计法、滤纸法等。湿度计法测量范围为 100～8 000 kPa，小于 100 kPa 的吸力无法测得。轴平移法是利用压力板仪解决“气蚀”问题测定高基质吸力的一种方法，测量过程中水压测量系统中的空气很难保证自始至终排放彻底，会影响测定结果。热传导法的量测范围较宽，可量测 0～400 kPa 的基质吸力，但热传导传感器的价格较高。张力计法的量测范围为 0～90 kPa，适用于测量基质吸力较低的土体，张力计法可以测量土体中正、负孔隙水压力，该种方法的主要缺陷是，在测量过程中保证土孔隙中的水与张力计中的水保持连续，这一点很难确定。滤纸法的测量范围为全范围，可用于测定土中的总吸力和基质吸力，优点是价格低廉、操作简单、量程大和精度高等，缺点是测量过程中滤纸和土样中水分的平衡时间较长，试验速度相对较慢。本书采用滤纸法量测试样的基质吸力。

滤纸法中使用的滤纸主要有三种型号，Whatman′s No.42 型、Schleicher & Schuell No.589- WH 型和双圈牌定量滤纸。本次选用 Whatman's No.42 型滤纸测定试样的基质吸力。首先要获得滤纸的率定曲线，即滤纸含水率与对应吸力之间的定量关系。本文采用 Whatman's No.42 型标准滤纸，其率定关系如式(3-1)所示，该型滤纸的含水率 ω 与吸力 u_s 的关系曲线为双折线。

$$\lg u_s = \begin{cases} 4.84 - 0.062\omega & \omega \leqslant 47\% \\ 6.05 - 2.48\lg\omega & \omega > 47\% \end{cases} \tag{3-1}$$

试验过程如下：

(1)采用轻型击实仪将配制好的土料制成大圆状样，高度控制在 40 mm。击实完成后，采用螺旋式千斤顶将试样推出，并将表面整平。然后将试样置于抽气饱和装置中进行抽气饱和，抽气完成后置于水中。至此一个圆状样制备完毕。

(2)将饱和试样推出，并置于室内恒温(20 ℃)环境下。采用微型电风扇吹试样表面，转面与试样表面平行，距试样表面为 600 mm。定期称量试样质量以确定含水率，当试样质量基本不变时，表明失水过程结束。

(3)当试样含水率达到试验指定要求后，将两环刀内侧涂抹凡士林，背靠背地置于试样中心，刀口朝下。在上部环刀顶部放置大的平整金属块，用螺旋式千斤顶缓慢地将环刀压入试样约 30 mm，压入速率不宜过大。含水率低的试样会表现出较高的硬度和较大的脆性，压入太快可能导致试样产生脆性断裂，从而无法获得完整的试样。不同压入速率的试验结果表明，对于低含水率试样，压入速率为 0.3~0.5 mm/s；对于高含水率试样，压入速率为 0.7~1.0 mm/s。压入指定深度后，将上部环刀移开，削去下部环刀外侧土样测含水率。将环刀及内部试样称重，由实测含水率可获得试样的初始干密度和饱和度。

(4)采用接触法测量试样的基质吸力，每组取相同试样两个及干滤纸 3 张。滤纸尺寸小于试样(2 张直径为 55 mm，其余 2 张直径为 58 mm,均小于试样直径 60 mm),将小直径的滤纸夹在 2 张大直径滤纸之间并置于下部试样的顶部,然后将上部试样置于滤纸上方紧密接触,如图 3-10 所示。用塑料膜将整体包裹后蜡封,置于恒温环境下至少 1 星期,保证滤纸与试样达到水分交换平衡。取滤纸过程需要两个人配合完成,一人将上下试样分开,另一人迅速用镊子将滤纸夹出,装入铝盒中密封并称重。称重完成后打开盒盖放入烘箱中,连续烘干 10 h。烘干完成后,在烘箱里将盒盖盖好后取出并称重。根据铝盒的质量,我们可以准确地获得滤纸的含水率,根据式(3-1)即可确定该试样的基质吸力。同时采用蜡封法量测上下试样的体积,称量上下试样的质量,以获得试样的体积含水率,即可获得试样的 SWCC。试验结果如图 3-11、图 3-12 所示。

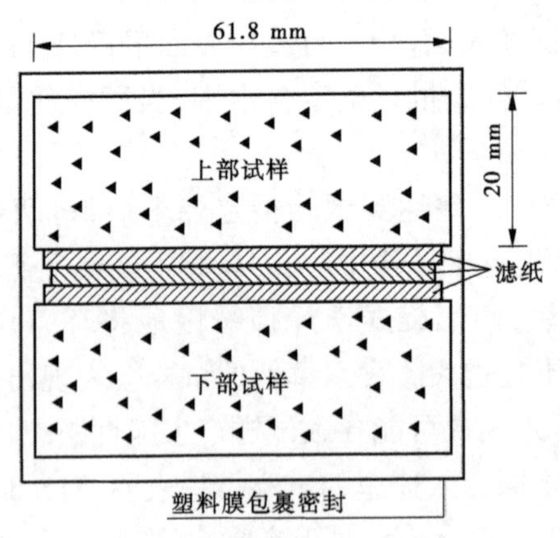

图 3-10　滤纸法示意图

试验结果及分析如下:

由图 3-11 可以看出,随着含水率的增大,非饱和尾矿料中的基质吸力不断减小。更重要的一点是,非饱和尾矿料的吸力范围非常小,最大吸力也没超过 100 kPa。通常情况下,颗粒越小,基质

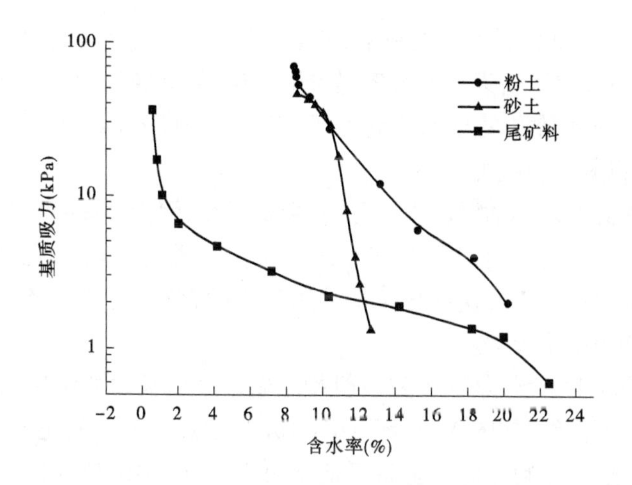

图 3-11　粉土、砂土、尾矿料的土水特征曲线

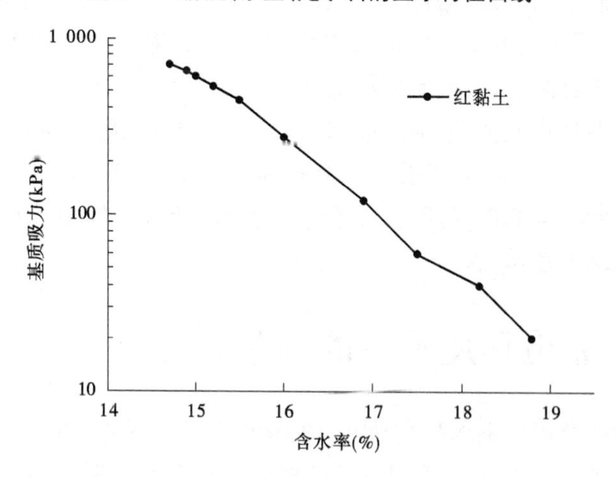

图 3-12　红黏土土水特征曲线

吸力越大,而尾矿料并没有遵循这一规律。通过颗分试验和 BET 试验结果得到,尾矿料的粒径和孔隙直径基本和红黏土在一个数量级,而尾矿料的基质吸力却很小。这与尾矿料的基质孔的含量

有关,由于尾矿料基质孔的相对含量占总孔容的80%左右,而间隙孔含量较低,所以基质孔容是影响尾矿料基质吸力的主要原因,但尾矿料基质孔的绝对含量很低,仅有0.017 cc/g,远小于红黏土,所以其基质吸力很小。

在类似球体的颗粒中,即使颗粒很微小,因为固体颗粒与液体之间的接触角或湿润面积的改变,一部分基质吸力消失,孔隙水压力由负变成了正。这部分正孔隙水压力的存在,宏观上降低了整个土样的基质吸力。

同时对砂土、红黏土和一般粉土做了基质吸力的测定得到了土水特征曲线,如图3-11、图3-12所示。通过对比分析尾矿料、砂土、黏土、一般粉土的水土特征曲线可以发现,尾矿料的最大基质吸力与砂土很相近,略低于粉土;尾矿料的进气值低于粉土和红黏土,同时尾矿料的土水特征曲线斜率变化大,略大于一般粉土,但明显大于红黏土,说明尾矿料的储水系数大于红黏土和一般粉土,即尾矿料持水能力差,易于脱水,这与尾矿料的孔隙结构和矿物组成有关。由于尾矿料的孔隙以介孔为主,孔隙连通性好,同时缺少吸附水能力强的矿物成分,结合水不发育,所以在较小的吸力下,孔隙水被迅速排出。

3.3　非饱和尾矿料的力学强度

为研究尾矿料的抗剪强度,用采集来的尾矿料,共制备了60个试样进行直剪试验(快剪)。试样以干密度不同划分为5组,干密度ρ_d分别为1.3 g/cm^3、1.4 g/cm^3、1.5 g/cm^3、1.6 g/cm^{3}和1.7 g/cm^3。又以饱和度分为3组,饱和度S_r分别为30%、40%和50%。每组试样分别施加围压50 kPa、100 kPa、150 kPa和200 kPa。试验结果如图3-13、表3-6所示。

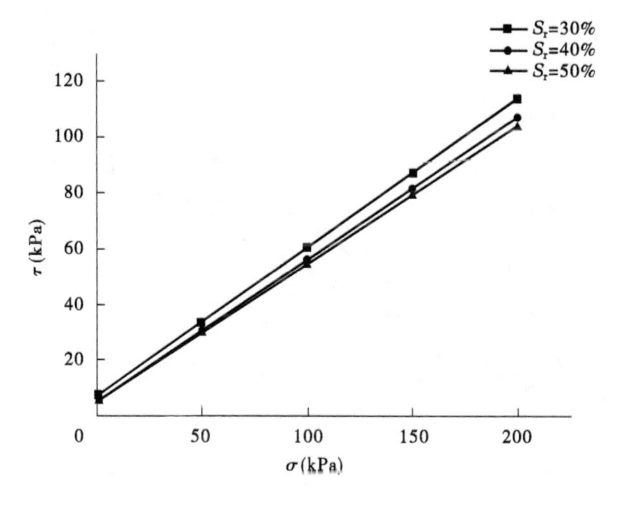

(a)$\rho_d = 1.3\ g/cm^3$

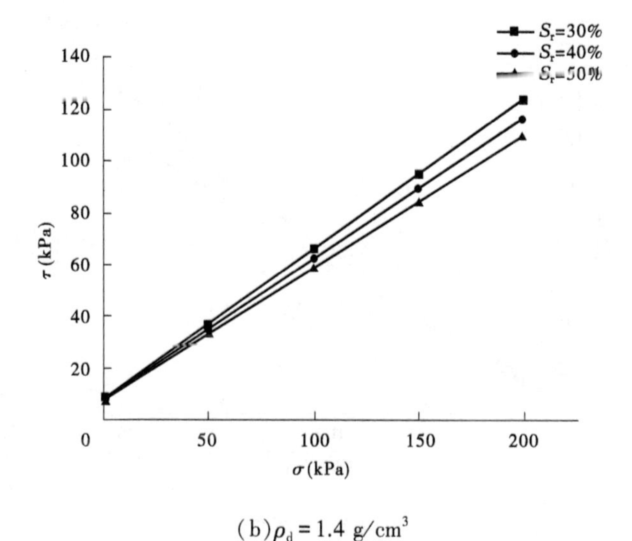

(b)$\rho_d = 1.4\ g/cm^3$

图 3-13 不同干密度、不同饱和度非饱和尾矿料的强度包线

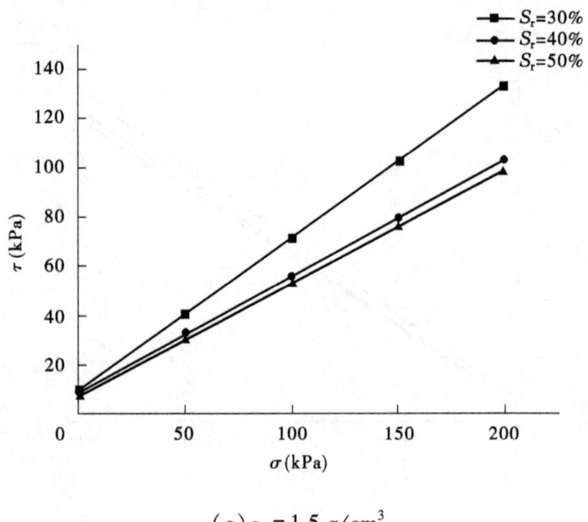

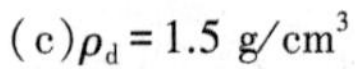

(c)$\rho_d = 1.5\ g/cm^3$

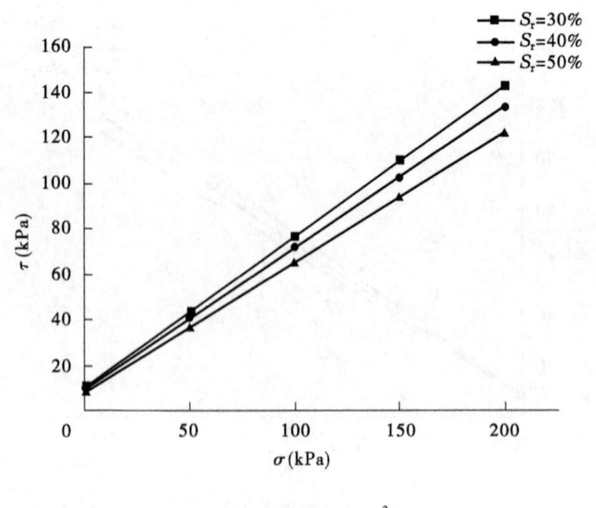

(d)$\rho_d = 1.6\ g/cm^3$

续图 3-13

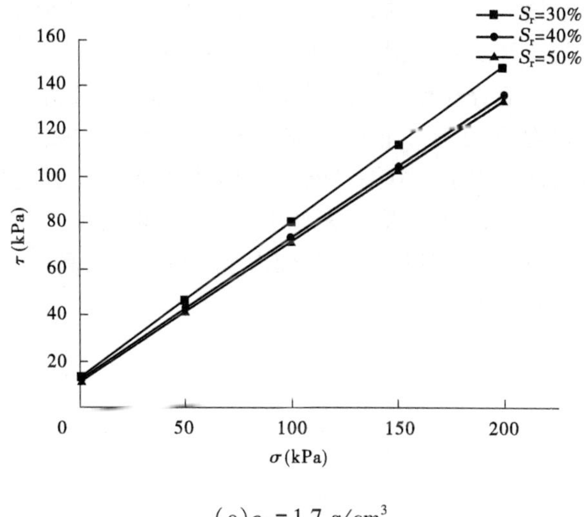

(e)$\rho_d = 1.7\ g/cm^3$

续图 3-13

表 3-6　不同干密度、不同饱和度非饱和尾矿料的力学指标

饱和度 S_r(%)	干密度 ρ_d(g/cm^3)									
	1.3		1.4		1.5		1.6		1.7	
	c(kPa)	φ(°)	c(kPa)	φ(°)	c(kPa)	φ(°)	c(kPa)	φ(°)	c(kPa)	φ(°)
30	7.9	34	8.6	34.2	11.7	34.2	11.8	34.4	13.4	34.8
40	5.4	31.3	8.8	31.9	10.5	27.2	10.3	32.5	14.1	32.9
50	5.8	30.1	9.2	30.2	8.2	26.8	8.6	30.5	12.3	32.3

从上述试验结果可以看出：

(1)随着干密度的增大，相同的饱和度下土体的抗剪强度参数 c、φ 是不断增大的。

(2)在同一干密度下，随着饱和度的减小，土体的内摩擦角 φ 略有增大，而黏聚力 c 基本保持不变。这意味着负的孔隙水压力并没有明显增大尾矿料的黏聚力,只是稍微增大了土体的内摩擦角。这个规律和通常认识到的非饱和土的强度规律不同,基质吸力的存在并没有提高尾矿料的黏聚力,可能存在两种情况:一是饱和度变化过程中,出现了正的孔隙水压力;二是基质吸力比较小,在较小的基质吸力下,尾矿料颗粒可能被拉得比较接近,使得颗粒接触面积增大,从而在宏观上表现出内摩擦角略有增大,而接触面积的增大且较小的基质吸力下黏聚力基本得不到提高。

第 4 章　尾矿料初始开裂模型及分层固结特性

实际工程中,土体产生裂隙时的含水率通常大于其缩限,此时尾矿料的收缩率与含水率变化值之间的线性关系与温度应力理论中温度应力与温差之间的线性关系相似,这样可以避免基质吸力量测的困难。曾有学者据此建立了蒸发条件下土的初始开裂模型。在模型尺寸满足圣维南原理的前提下,利用变湿(定义为后一瞬时的含水率减去前一瞬时的含水率,以增湿为正)的概念,获得了初始开裂深度和临界变湿,并进行了试验验证,结果表明变湿可代替基质吸力来描述土裂隙发育情况。当土体水分降低时,变湿增大导致变湿应力增大,达到土体抗拉强度时初始裂隙生成。此时土体部分能量得到释放,土体应力暂时达到平衡状态。如果水分继续丧失,除初始裂隙向纵深扩展外,土体可能在相邻初始裂隙间产生二次开裂,再次形成裂隙,称为二次裂隙。显然二次裂隙的深度和宽度比初始裂隙的要小,并且二次裂隙通常不会在初始裂隙附近出现。初始裂隙与二次裂隙构成了复杂的裂隙网络,对土体的结构性和渗透性会产生较大的影响,而这在很大程度上可以反映土体的破碎程度,因此如何合理确定开裂间距和裂隙宽度是非常重要的。本章以吴珺华的研究成果为基础,建立尾矿料初始开裂模型。

综合考虑土体的渗流和变形的问题就是土体的固结问题。然而,尾矿坝特殊的筑坝形式(一层一层分期筑坝,每层尾矿料的固结度肯定是不同的),使得分层固结对研究其变形特性尤为重要。另外,坝体在自然条件下不断地干湿循环,不仅需要考虑饱和固结问题,还需要考虑非饱和尾矿料的固结问题。因此,本章将对饱和、非饱和的尾矿料进行固结试验研究。根据尾矿料特殊的固结特性,得到了简化的非饱和土一维固结方程,同时为模拟尾矿料特殊的筑坝形式,还进行了相应的模型试验。

4.1　变湿应力和初裂深度

设弹性体内各点的变湿为 ΔW。自然状态下相同位置土体含水率的变化是均匀的,因此可不考虑时间效应。由于 ΔW 的作用,弹性体内各点如果不受约束,将产生应变 $\alpha\Delta W$,称为变湿应变,其中 α 为湿胀缩系数,表示单位含水率变化时应变的增量,它反映了土体受变湿作用而产生变形大小的程度,可由收缩系数 δ 来确定,即 $\alpha=0.01\delta$。此外,土体从失水收缩到开裂这一过程中,由于极限拉应变很小,土体在小变形范围内即产生拉伸断裂,故可认为其服从弹脆性破坏关系,即土体未开裂前满足弹性关系,一旦开裂将不能承受任何拉应力。

由于弹性体受外在及内在的相互约束,上述应变并不能自由形成而产生应力,称为变湿应力。该应力又因物体本身的弹性而引起附加的应变。采用张量形式表示,则总的应变分量为:

$$\varepsilon_{ij} = \frac{1}{2G}\sigma_{ij} - \frac{\mu}{E}\sigma_{kk}\delta_{ij} + \alpha\Delta W\delta_{ij} \tag{4-1}$$

式中:μ 为泊松比;E 为变形模量,kPa;G 为剪切模量,$G=\dfrac{E}{2(1+\mu)}$,kPa;σ_{kk}为球应力,$\sigma_{kk}=\sigma_x+\sigma_y+\sigma_z$,kPa;$\delta_{ij}$为 Kronecker 符号。

式(4-1)为考虑变湿的本构方程。若体力不计,则平衡微分方程、几何方程及边界条件见式(4-2)~式(4-4)。

$$\sigma_{ij,j} = 0 \tag{4-2}$$

$$\varepsilon_{ij} = \frac{1}{2}(u_{ij} - u_{ji}) \tag{4-3}$$

$$\left.\begin{aligned} u_i &= \overline{u_i} \quad x \in S_u \\ \sigma_{ij}n_j &= \overline{f_i} \quad x \in S_\sigma \end{aligned}\right\} \tag{4-4}$$

式(4-1)~式(4-4)即为基本方程。计算模型如图4-1所示，其中 $z=0$ 处存在竖向约束条件,其余为自由边界。

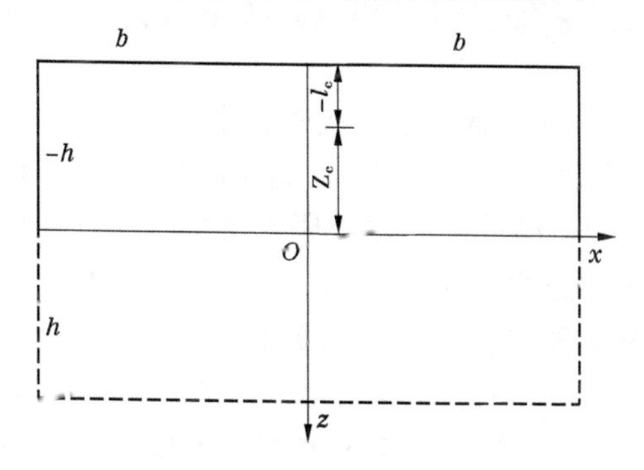

图4-1　计算模型($2b \gg h$)

据此采用位移势函数法和圣维南原理,根据位移基本方程和边界条件并结合试验结果,建立了土的初始开裂模型,推导了简单边界条件下变湿应力的解析解,获得初始开裂深度的表达式为

$$\sigma_x = E\alpha \frac{\Delta W_{max}(1 - e^{-nh})}{h^2}\left(\frac{1}{3}h^2 - z^2\right) \quad -h \leqslant z \leqslant 0 \tag{4-5}$$

式中:σ_x 为变湿应力,kPa;ΔW_{max} 为最大变湿(%),某时刻土体表层含水率与初始含水率之差;n 为变湿分布系数,反映了水分在土体中运移的快慢程度,与土体的渗透性能和排水条件密切相关;h 为计算深度,m,通常取大气影响深度。

上述分析是建立在土体未开裂的前提下进行的,因此可作为判断土体初始开裂的依据。膨胀土失水收缩产生裂隙,当变湿应力等于土体抗拉强度时土体开始开裂,且在裂隙底端,有 $\sigma_x=\sigma_t$,σ_t为土体抗拉强度,将其代入式(4-5)有

$$l_c = h\left(1 - \sqrt{\frac{1}{3} - \frac{\sigma_t}{E\alpha\Delta W_{max}(1 - e^{-nh})}}\right) \tag{4-6}$$

式中:l_c为初始开裂深度,m;σ_t为土体抗拉强度,kPa。

4.2 初始裂隙间距和裂隙宽度

自然条件下,土体表层水分丧失速率比底层的要快,因此表层土的要大于底层土的收缩变形,初始裂隙形态如图 4-2 所示。选取初始裂隙之间土体的一半作为研究对象(图 4-2 中深色部分)。其中 G 是初始裂隙之间土体自重;由于上部土体开裂,裂隙之间的土体有向内收缩的趋势,研究对象底部受到水平剪力 T 作用,σ_z是初始裂隙底部平面下层土体对上部土体的反力;σ_x是变湿应力,根据式(4-5)可知,其沿着裂隙从底部到表层方向逐渐增大,故土体有远离初始裂隙的趋势,但 T 阻碍其远离裂隙。裂隙之间土体受到从上到下 σ_x的作用,随着远离初始裂隙而逐渐增大,当 σ_x增加到土体的抗拉强度时,在相邻初始裂隙之间产生二次开裂,位于相邻初始裂隙中间的 $A—A'$截面,如图 4-2 所示。当裂隙上下部土之间交界面处的阻力足够大并达到土体抗剪强度时,即为土体二次开裂极限状态。

当表层土体的变湿应力小于 σ_t时,二次裂隙不会出现,但此时最大变湿应力位置处是最易产生裂隙的,称为极限开裂位置,初始裂隙与极限开裂位置的间距称为极限开裂间距 a。初始裂隙产生后,土体内部应力会发生变化,裂隙周围的应力与式(4-5)的计算结果差异较大,但由于计算模型满足圣维南原理,远离裂隙的土中应力仍可按式(4-5)进行计算,初始裂隙的影响可忽略。据此根据力平衡条件和抗剪强度理论,推导出极限开裂间距 a 的表达式。

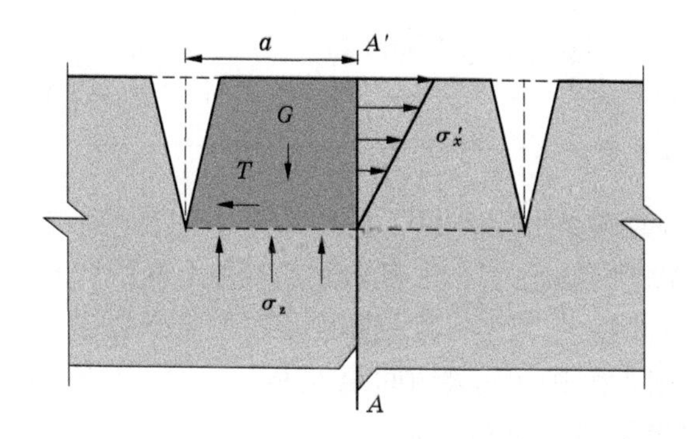

图 4-2　土体二次开裂示意图

以初始裂隙底部处水平面为界面，假设其上下部土体之间的抗剪能力均相同，且达到了土体的抗剪强度。由于裂隙初始生成，裂隙底部的水分丧失主要是由该处水气交界面水分蒸发导致的，即由初始平面逐渐向内收缩形成弯液面，该处土体吸力与其吸力进气值基本相当，土体内部并未出现孔隙气，可认为近似饱和。研究对象底部受到的水平剪力合力为 T，极限开裂位置处的水平向合力为 T_x，有

$$T = \int_0^a \tau_1 \mathrm{d}x = \int_0^a (c + \sigma \tan\varphi)\ \mathrm{d}x = a(c + \gamma l_c \tan\varphi) \tag{4-7}$$

$$T_x = \int_{-h}^{l_c - h} \sigma_x \mathrm{d}x = \int_{-h}^{l_c - h} E\alpha \frac{\Delta W_{\max}(1 - \mathrm{e}^{-nh})}{h^2}\left(\frac{1}{3}h^2 - z^2\right) \mathrm{d}z \tag{4-8}$$

式中：τ_1 为初始裂隙与二次裂隙之间，裂隙底部处水平面上任一点的抗剪强度，kPa；c 为土体黏聚力，kPa；φ 为土体内摩擦角(°)；γ 为土体重度，$\mathrm{kN/m^3}$；其余参数物理意义同前。

由于水平向合力为零，可得 $T = T_x$，整理获得极限开裂间距 a 的表达式：

$$a=\frac{\dfrac{\dfrac{1}{3}E\alpha\Delta W_{\max}(1-e^{-nh})}{h^2}(l_c-h)(2hl_c-l_c^2)}{(c+\gamma l_c\tan\varphi)} \tag{4-9}$$

土体开裂裂隙附近表层处的变湿应力不能达到抗拉强度,原因在于裂隙周围能量的释放,随着远离裂隙距离的增大,表层处的变湿应力逐渐增大,当增大到抗拉强度时发生开裂,此时间距 a 即为二次开裂间距,则初始裂隙间距 $L_0 \geqslant 2a$。由于计算的是极限状态,故取初始裂隙间距 $L_0=2a$。

由式(4-1),令 $i=j=x$,有

$$\varepsilon_x=\frac{1}{E}[\sigma_x-\mu(\sigma_y+\sigma_z)]+\alpha\Delta W \tag{4-10}$$

裂隙最大宽度发生在地表($z=-h$),且一般为初始裂隙。此时

$$\sigma_x=-2E\alpha\frac{\Delta W_{\max}(1-e^{-nh})}{3}$$

$$\sigma_y=\sigma_z=0$$

$$\Delta W=\Delta W_{\max}$$

代入式(4-10)整理得裂隙地表处的水平应变 ε_x 为

$$\varepsilon_x=\frac{1}{3}\alpha\Delta W_{\max}(1+2e^{-nh}) \tag{4-11}$$

裂隙顶部水平位移 S_x 为

$$S_x=a\varepsilon_x=\frac{1}{3}\alpha\Delta W_{\max}(1+2e^{-nh})a \tag{4-12}$$

裂隙底部水平位移为零,故裂隙宽度 δ 为

$$\delta=2S_x=\frac{2}{3}\alpha\Delta W_{\max}(1+2e^{-nh})a \tag{4-13}$$

式(4-9)和式(4-13)即为初始裂隙间距和初始裂隙宽度的定量表达式。由于计算模型为初始无裂隙的状态,故上述计算公式适用于研究

初始均质饱和尾矿料在蒸发条件下的裂隙发育情况。把式(4-6)、式(4-9)和式(4-13)统称为基于变湿的尾矿料裂隙开展模型。

经模型计算,本次研究的磷矿细粒尾矿坝的初始开裂宽度、深度较小,对尾矿坝的稳定性不构成影响,所以在后文尾矿坝的稳定性计算分析中不予考虑。但尾矿料初始开裂模型的建立,为开裂理论研究提供理论支持。

4.3　固结试验

固结试验是为了研究尾矿坝的渗流、变形特性。因此,试验用土采用尾矿库下游的尾矿料 3。具体的物理力学指标如表 4-1 所示。

表 4-1　尾矿料 3 的物理力学指标

土样	比重	液限(%)	塑限(%)	塑性指数	比表面积(m^2/g)
尾矿料 3	2.71	21.4	15.1	6.3	6.563

为考虑尾矿坝的分层特性,在固结试验中,设计了 5 个干密度:1.3 g/cm^3、1.4 g/cm^3、1.5 g/cm^3、1.6 g/cm^3、1.7 g/cm^3,制样过程中发现,随着饱和度的增大,尾矿料强度急剧降低、试样流动性增大,成样困难。为保证试样的完整性,将饱和度设计为 30%、40%、50%。垂直压力逐级增大,分别为 25 kPa、50 kPa、100 kPa、200 kPa、300 kPa、400 kPa,每级压力下的固结时间为 24 h,24 h 后试样变形不大于 0.005 mm/h 认为稳定。

4.3.1　30%饱和度的压缩固结试验

当饱和度为 30%时,不同干密度尾矿料的压缩特性的试验结果如图 4-3 所示。为消除初始加压时由试验仪器所带来的误差,在固结压力与压缩系数关系曲线上,压缩系数从 25 kPa 算起,图上 50 kPa 所对应的点是压力差为(50~25) kPa 所对应的孔隙比，以此类推。

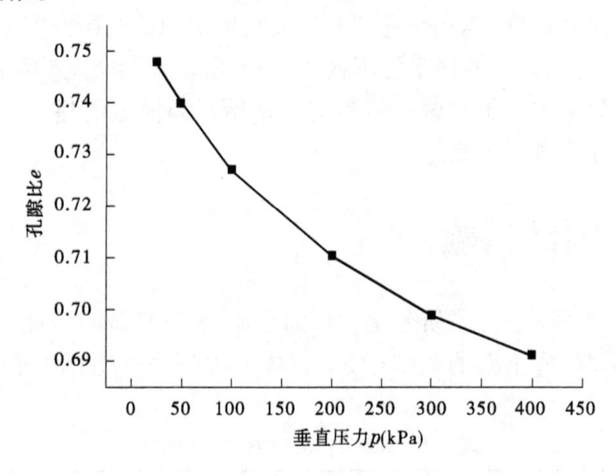

(a)$\rho_d = 1.3\ g/cm^3$

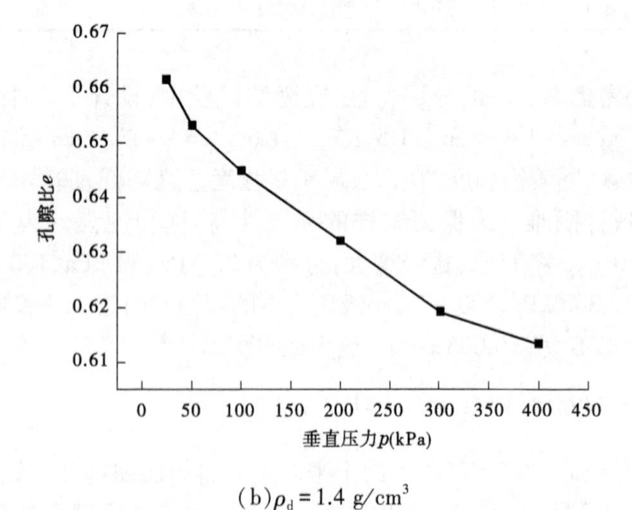

(b)$\rho_d = 1.4\ g/cm^3$

图 4-3　饱和度为 30%时不同干密度尾矿料的压缩特性

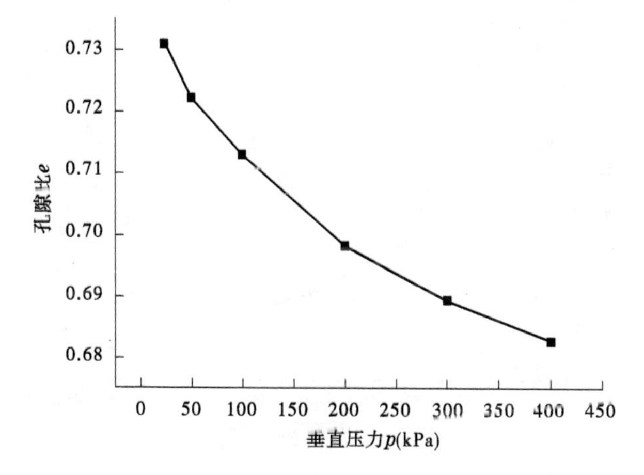

(c) $\rho_d = 1.5\ g/cm^3$

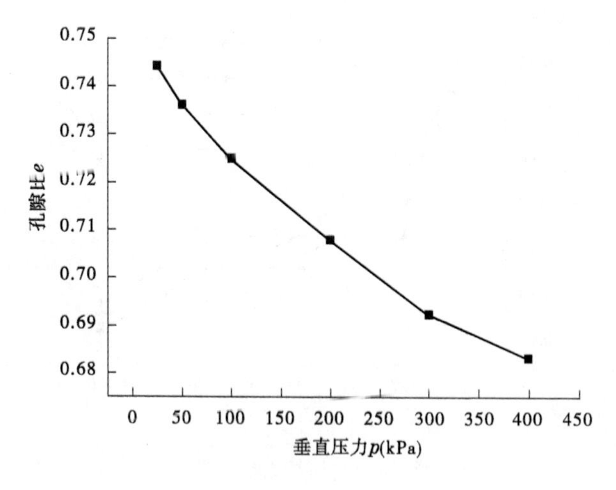

(d) $\rho_d = 1.6\ g/cm^3$

续图 4-3

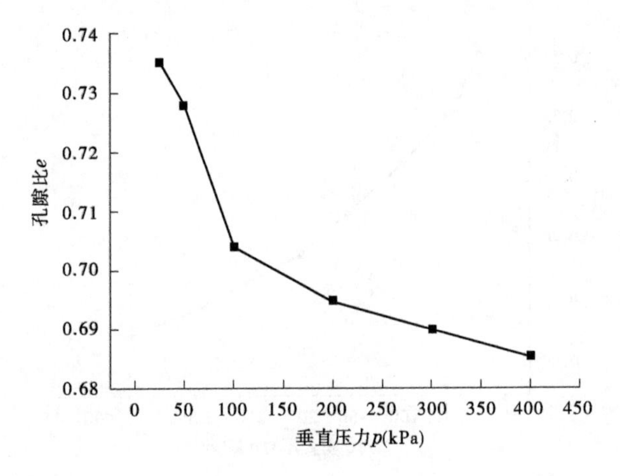

(e) $\rho_d = 1.7\ g/cm^3$

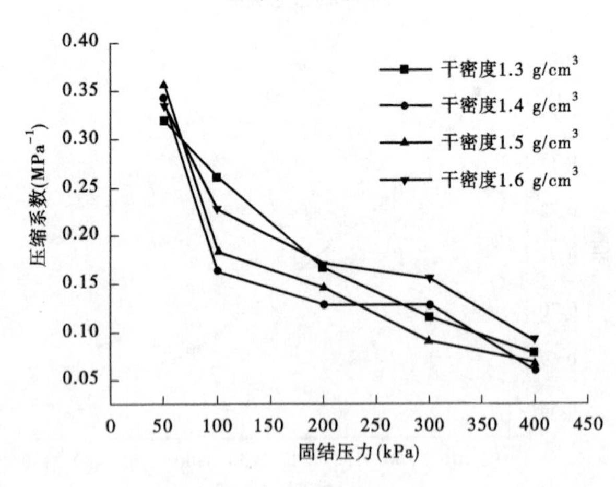

(f)固结压力与压缩系数关系曲线

续图 4-3

从图 4-3 可以看出：

(1)当土样饱和度为 30%时，随着垂直压力的增大，试样的孔隙比是不断减小的。

(2)孔隙比的变化范围主要集中在 0.65 ~ 0.75,初始干密度的变化在尾矿料的压缩过程中并没有显著地改变土颗粒的孔隙比。即初始固结压力的施加能消除初始干密度对尾矿料的压缩特性的影响。

(3)尾矿料的压缩特性对应力历史不敏感。

(4)当固结压力为 50 kPa 时,各干密度下的压缩系数相差不大,随着固结压力的增大,压缩系数略有变化,但仍然只是在小范围内波动,尾矿料在压缩过程中,初始固结压力对孔隙比影响很大。

4.3.2　40%饱和度的压缩固结试验

当饱和度为 40%时,不同干密度尾矿料的压缩特性的试验结果如图 4-4 所示。

从图 4-4 可以看出:

(1)当土样饱和度为 40%时,压缩规律与饱和度为 30%时的试验一致,即随着垂直压力的增大,试样的孔隙比是在不断减小的。此时试样孔隙比的变化范围主要集中在 0.59 ~0.68,与饱和度为 30%时的试验结果相比,孔隙比的变化范围仍然不大,初始干密度的变化在尾矿料的压缩过程中并没有显著地改变土颗粒的孔隙比。只是饱和度提高后,在相同的固结压力下,试样的密实程度显然更好,土体颗粒与颗粒的间距缩小,孔隙比降低。但仍然反映出尾矿料的压缩特性对应力历史不敏感。

(2)固结压力为 50 kPa 时,压缩系数比较分散,但随着固结压力的增大,各初始干密度下的压缩系数逐渐逼近,当固结压力达到 400 kPa 时,压缩系数都在 0.05 $MP^{-1}a$ 左右。

4.3.3　50%饱和度的压缩固结试验

当饱和度为 50%时,不同干密度尾矿料压缩特性试验结果如图 4-5 所示。

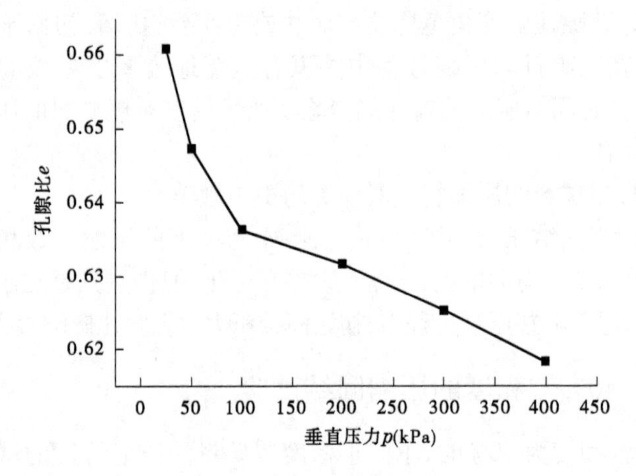

(a)$\rho_d = 1.3\ g/cm^3$

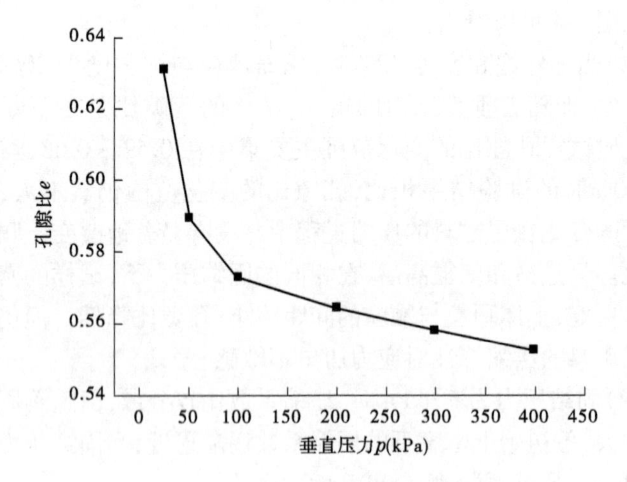

(b)$\rho_d = 1.4\ g/cm^3$

图 4-4　饱和度为 40%时，不同干密度尾矿料的压缩特性

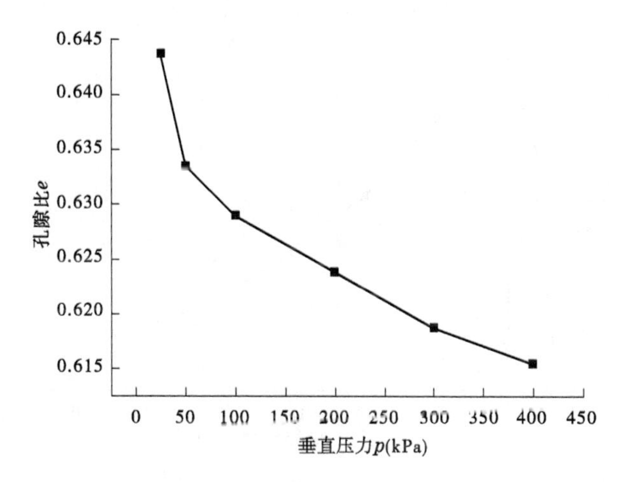

(c)$\rho_d = 1.5\ g/cm^3$

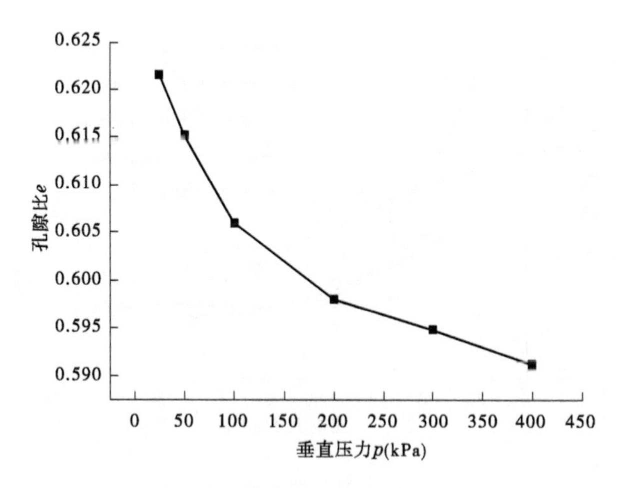

(d)$\rho_d = 1.6\ g/cm^3$

续图 4-4

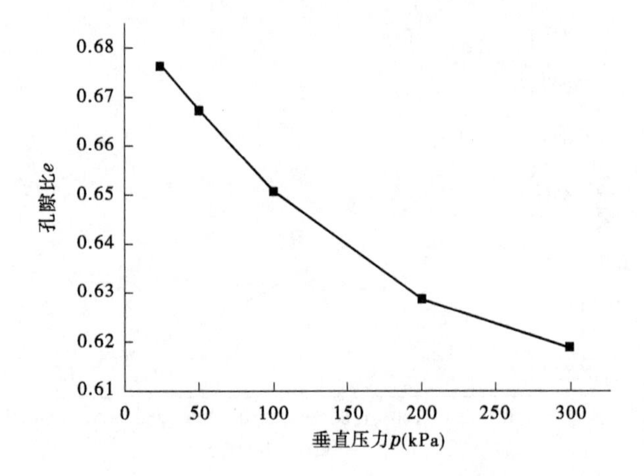

(e) $\rho_d = 1.7\ g/cm^3$

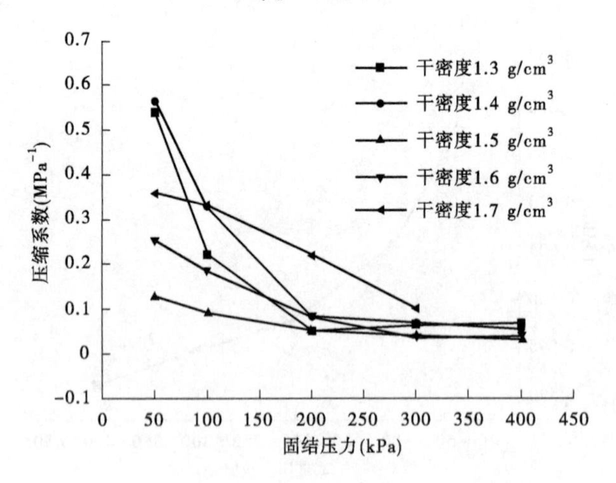

(f) 固结压力与压缩系数关系曲线

续图 4-4

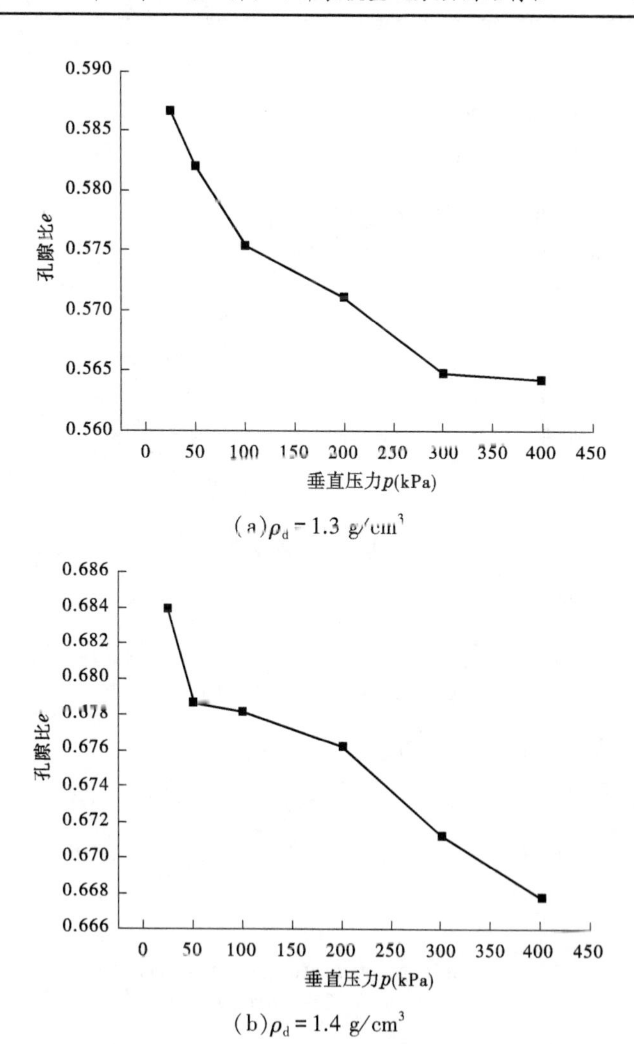

(a)$\rho_d=1.3\ g/cm^3$

(b)$\rho_d=1.4\ g/cm^3$

图4-5　饱和度为50%时，不同干密度尾矿料的压缩特性

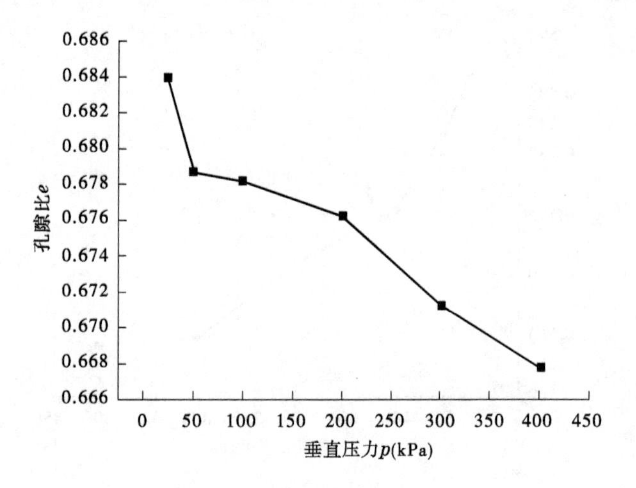

(c) $\rho_d = 1.5\ g/cm^3$

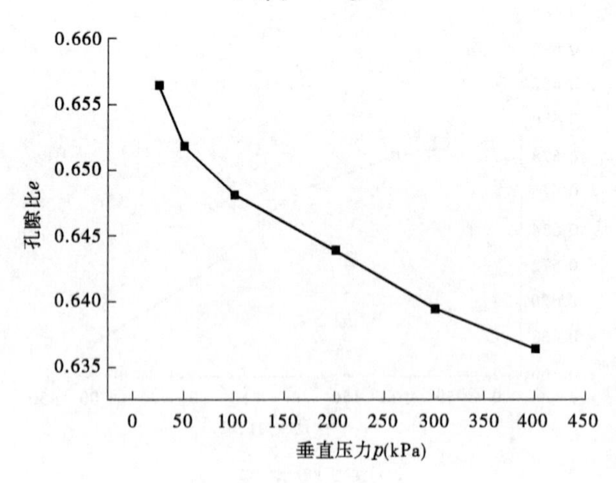

(d) $\rho_d = 1.6\ g/cm^3$

续图 4-5

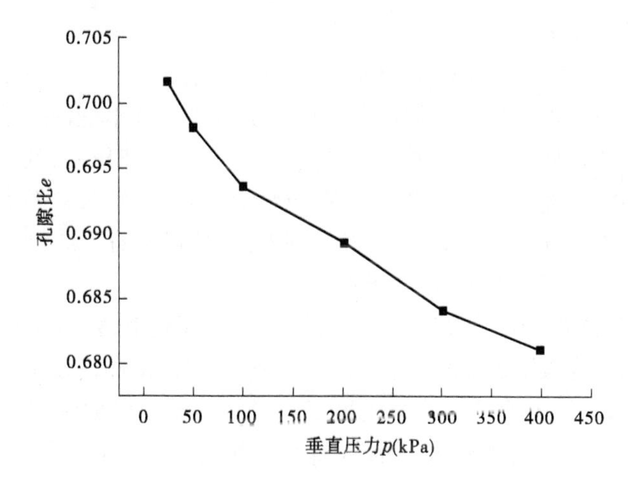

(e) $\rho_d = 1.7\ g/cm^3$

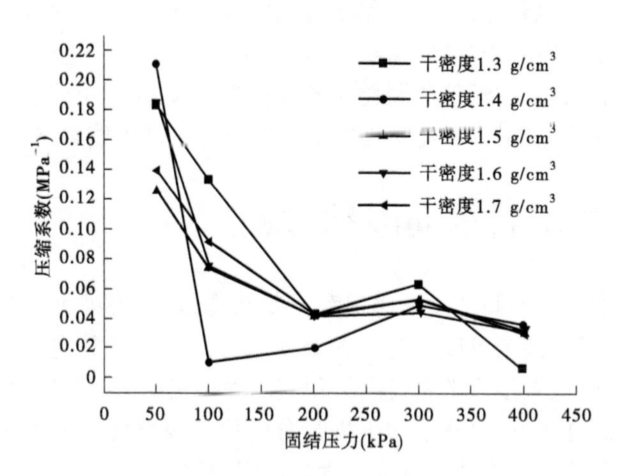

(f) 固结压力与压缩系数关系曲线

续图 4-5

从图 4-5 可以看出：

(1)当试样饱和度为 50%时，不同干密度下的 $e—p$ 曲线，其变化规律基本一致。在初始固结压力加载后就基本能消除干密度所带来的差异。即在初始阶段，非饱和尾矿料迅速压缩，到达一个相当的密实度。在饱和度为 30%、40%、50%的尾矿料中都出现了这个现象，表明非饱和尾矿料中基质吸力对其压缩固结特性影响不大，这一点和砂土的性质类似。

(2)当饱和度为 50%时，压缩系数相对于饱和度 30%、40%明显降低。这表明，当尾矿料中的含水率增加时，试样在较小的固结压力下，就能得到较好的密实程度。当固结压力增大到 300 kPa、400 kPa 时，不同干密度下的压缩系数相差不大。这也进一步表明，应力历史对尾矿料影响不大，当然这个结论是用重塑土在室内试验基础上得到的，而天然存在的尾矿料，由于在选矿过程中加入了一些化学原料，尾矿料本身可能和这些化学物质产生化学反应，生成新的物质，在颗粒与颗粒间形成胶结，这种情况可能会大幅度提高土体的强度，这种化学影响下的应力历史就不能忽略。

4.4　尾矿料单向固结方程

非饱和土的固结过程比饱和土复杂得多，主要因为非饱和土是三相介质，甚至可以视为四相介质来考虑。关于非饱和土的固结问题，已经有很多学者提出了相应的固结理论，并得到了相应的验证。综合来看，对非饱和土进行分阶段计算能使非饱和土固结问题得到简化。不同的压缩阶段有不同的固结特性。

4.4.1　尾矿料的初始变形方程组

对尾矿料的初始固结变形而言，通过前面的试验可以得出结论，非饱和尾矿料具有明显的阶段性。初始阶段，虽然干密度不同,但在外荷载作用下很快消除了干密度不同所带来的影响。从微观角度来看,尾矿料颗粒小,比表面积小,但整体却表现出了类似砂土一样的性质,因此初始阶段具有其特殊性。通常情况下,土的初始固结阶段会出现气压缩,并把波以耳方程引入到初始固结方程组中。但尾矿料初始阶段气压力消散很快,几乎不存在气压缩,所以其初始固结方程不用引入波以耳方程,具体如下:

根据毕肖普非饱和土有效应力原理:

$$\sigma = \sigma' + \chi u_w + (1 - \chi) u_a \tag{4-14}$$

式中:χ 为有效应力系数;u_a 为孔隙气压力;u_w 为孔隙水压力;σ 为总应力;σ'为有效应力。

对尾矿料而言,气压很快消散,土体中的气压等于大气压力,孔隙水压力即为基质吸力,则式(4-14)变为

$$\sigma = \sigma' + \chi u_w \tag{4-15}$$

χ 可近似为

$$\chi = \frac{S_r}{0.4S_r + 0.6} \tag{4-16}$$

土水特征曲线关系

$$u_s = f(S_r) \tag{4-17}$$

式中:u_s为基质吸力;S_r为饱和度。

对式(4-17)微分可得

$$\Delta u_s = f(S_r)' \Delta S_r \tag{4-18}$$

土水特征曲线关系可由式(4-19)表示

$$f(S_r) = u_0 / S_e^{\frac{1}{\lambda}} \tag{4-19}$$

式中:u_0为非饱和土的进气值;S_e为有效饱和度,其表达式为

$$S_e = \frac{S_r - S_l}{1 - S_l} \tag{4-20}$$

式中:S_l为残余饱和度。

把式(4-20)代入式(4-18),可得

$$\Delta u_{s} = -\frac{u_{0}}{\lambda S_{e}^{\left(1+\frac{1}{\lambda}\right)}}\frac{\Delta S_{r}}{1 - S_{l}} \tag{4-21}$$

式中:λ 可由土水特征曲线试验测定。

由压缩试验可得

$$\Delta e = -a_{v}\Delta\sigma' \tag{4-22}$$

式中:a_v为压缩系数。

在初始压缩阶段,土样中水在外力作用下没有往外排出,整个压缩过程中土样的含水率保持不变,因此有

$$\Delta w = -\frac{w}{e}\Delta e \tag{4-23}$$

式中:w 为土体的质量含水率,含水率和饱和度的关系由下式确定

$$S_{r} = \frac{wG_{s}}{e} \tag{4-24}$$

通过式(4-15)、式(4-18)、式(4-22)~式(4-24)可得到一维状态下非饱和尾矿料的初始变形方程组

$$\left.\begin{aligned} &\Delta u_{s} = f(S_{r})'\Delta S_{r} \\ &\sigma = \sigma' + \frac{wG_{s}}{0.4wG_{s} + 0.6e}u_{w} \\ &\Delta e = -a_{v}\Delta\sigma' \end{aligned}\right\} \tag{4-25}$$

该式为关于初始变形特征的隐函数微分方程组。

4.4.2　尾矿料的固结方程

尾矿料经过初始固结压力压缩后,可以把不同初始干密度的影响降到最低。此后,随着固结压力的增大,各初始干密度不同的试样压缩系数变化不大,且继续增大固结压力,并没有明显改变压缩系数,即压缩系数趋于一个常数。这与太沙基一维固结方程的假设相吻合,所以饱和度较高,有水流出时,作为简化,直接采用太

沙基一维固结方程

$$\frac{\partial u}{\partial t} = C_v \frac{\partial^2 u}{\partial z^2} \tag{4-26}$$

式中：C_v 为固结系数，$C_v = K/m_v\gamma_w$；K 为渗透系数；m_v 为体积压缩系数；γ_w为水容重。

4.5　尾矿料模型试验

试验考虑了饱和度较低时尾矿料的变形特性。然而，就尾矿坝整体来说，饱和土还是占了绝大部分。在试验过程中，饱和土成样困难，因此通过模型试验来分析饱和土的分层固结特性。

为测量所需要的物理量，将尾矿料堆积在一个由有机玻璃制成的透明长方体箱子内，箱子侧面设有排水孔，方便土样堆积过程中排水固结，如图 4-6 所示。在透明的有机玻璃箱正面设置了 6 个观察点。通过测量尾矿料堆积后的沉降量来反映其固结特性。

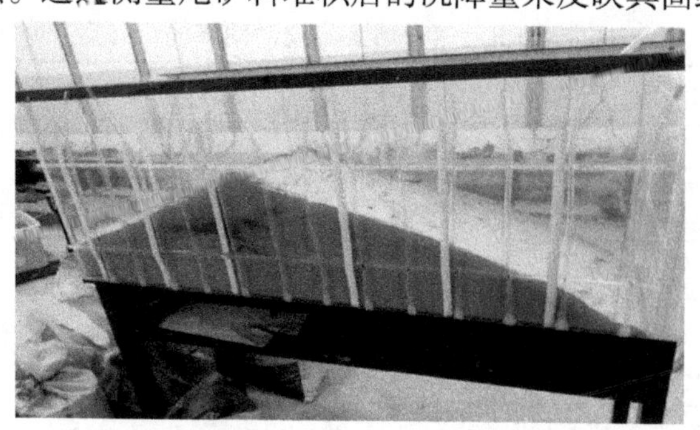

图 4-6　尾矿料堆积分层固结模型试验

土样含水率很大，配制含水率为 22%，此时的含水率大于土体的液限，土体处于流动状态。由左到右依次把观测点标记为 $1^{\#}$、$2^{\#}$、$3^{\#}$、$4^{\#}$、$5^{\#}$、$6^{\#}$；土样分三层堆积，每层堆积时间为 72 h。各层堆积厚度如表 4-2 所示。

表 4-2 模型试验各层堆积厚度 （单位：cm）

高度	1#	2#	3#	4#	5#	6#
第一层	9.3	11.1	17.5	14.8	10.0	6.0
第二层	10.0	10.3	10.2	10.3	10.2	10.2
第三层	10.1	10.3	10.2	10.1	10.0	10.0

第一层土在不同时间下的沉降量如表 4-3 所示，第二层、第三层土堆积后第一层土不同时间下的沉降量分别如表 4-4、表 4-5 所示。

表 4-3 第一层土不同时间下的沉降量 （单位：cm）

沉降时间	1#	2#	3#	4#	5#	6#
24 h	0.85	0.94	1.35	1.23	0.90	0.67
48 h	0.92	1.10	1.50	1.29	0.96	0.71
72 h	0.95	1.12	1.53	1.33	1.00	0.79

表 4-4 第二层土堆积后第一层土不同时间下的沉降量 （单位：cm）

沉降时间	1#	2#	3#	4#	5#	6#
24 h	0.97	1.18	1.55	1.35	1.01	0.79
48 h	0.98	1.19	1.56	1.36	1.01	0.79
72 h	0.98	1.19	1.58	1.37	1.02	0.81

表 4-5 第三层土堆积后第一层土不同时间下的沉降量 （单位：cm）

沉降时间	1#	2#	3#	4#	5#	6#
24 h	1.10	1.21	1.65	1.41	1.10	0.85
48 h	1.15	1.23	1.68	1.43	1.11	0.85
72 h	1.15	1.24	1.69	1.44	1.11	0.87

从表 4-3~表 4-5 可以看出：

（1）当第一层土样堆积后，在 24 h 内其固结很快，沉降量很大。随着时间的增长，第一层土样的沉降量明显减小，次固结并不明显。

（2）将第二层土样加到第一层土样上，第一层土样也只是在初始阶段有微小的沉降，其后趋于稳定。

（3）第三层土样加到第二层土样上，第一层土样的沉降也很微小，随时间基本上没有明显的变化。

这表明，饱和尾矿料具有和非饱和尾矿料相似的性质。在很小的初始固结压力下土样就会趋于稳定，应力历时对尾矿料的影响不大。归根结底还是由尾矿料特殊的颗粒结构和孔隙结构所决定的。同时，通过试验结果可以看出，坝体在压缩固结过程中，坝轴线处 3#位置的压缩沉降量最大。

第5章 渗流场与应力场耦合分析

尾矿坝的渗流场和应力场之间是互相联系的。渗流场变化时,通过对渗流体积力与渗透压力的影响实现对应力场的影响;应力场变化时,通过对孔隙率与渗透系数的影响实现对渗流场的影响。尾矿库是典型的颗粒堆积多孔介质堆积而成的坝体,其沉积时间和各部位的密实度、固结度、应力场差异较大,渗透系数也随坝体应力的变化而不同。所以,对尾矿坝进行应力场和渗流场的耦合分析,并进行稳定性研究具有十分重要的意义,也是一个难点问题。渗流场与应力场相互影响、相互作用,最终形成一个双场耦合的平衡状态。

5.1 饱和-非饱和渗流基本方程

5.1.1 饱和渗流运动方程

水体在各向异性的多孔介质中流动,当不能忽略水体运动的惯性力、水力坡降比起始坡降大时,水体的流动就满足达西定律

$$v = Kj \tag{5-1}$$

式中:v 为渗流流速;K 为饱和渗透系数;j 为水力梯度。

1950年,Jacob Bear 导出了水流在运动过程中渗流速与水头的关系

$$-\left(\frac{\partial v_x}{\partial x}+\frac{\partial v_y}{\partial y}+\frac{\partial v_z}{\partial z}\right)=\rho g(\alpha+n\beta)\frac{\partial h}{\partial t} \tag{5-2}$$

根据达西定律,x、y、z 方向的渗流速度分别表示为

$$
\left.\begin{aligned}
v_x &= -K_x \frac{\partial h}{\partial x} \\
v_y &= -K_y \frac{\partial h}{\partial y} \\
v_z &= -K_z \frac{\partial h}{\partial z}
\end{aligned}\right\} \tag{5-3}
$$

设 $\mu_s = \rho g(\alpha + n\beta)$ ，将式(5-3)代入式(5-2)可得

$$
\frac{\partial}{\partial x}\left(K_x \frac{\partial h}{\partial x}\right) + \frac{\partial}{\partial y}\left(K_y \frac{\partial h}{\partial y}\right) + \frac{\partial}{\partial z}\left(K_z \frac{\partial h}{\partial z}\right) = \mu_s \frac{\partial h}{\partial t} \tag{5-4}
$$

对于稳定流运动来说，$\frac{\partial h}{\partial t} = 0$ ，则

$$
\frac{\partial}{\partial x}\left(K_x \frac{\partial h}{\partial x}\right) + \frac{\partial}{\partial y}\left(K_y \frac{\partial h}{\partial y}\right) + \frac{\partial}{\partial z}\left(K_z \frac{\partial h}{\partial z}\right) = 0 \tag{5-5}
$$

5.1.2　非饱和渗流运动方程

通常，在饱和与非饱和区过渡带之间存在连续的水流，此时的问题属于非饱和渗流问题。1931 年，L. A. Richards 将达西定律引入非饱和水的分析中，此时渗透系数 K 是一个可以表示为土体体积含水率 θ 的函数 $K(\theta)$。

在非饱和土体中，基质吸力 u_s 是含水率 θ 的函数，则非饱和土体中的达西定律为

$$
v_i = -k_{ij} K_r(\theta) \frac{\partial h}{\partial x_j} \qquad (i,j = 1,2,3) \tag{5-6}
$$

式中：K_{ij} 为饱和系数张量；K_r 为相对渗透系数，非饱和区，$0 \leqslant K_r < 1$，饱和区，$K_r = 1$；h 为水力水头。

对于非饱和渗流，将渗流连续性方程

$$
-\left[\frac{\partial(\rho v_x)}{\partial x} + \frac{\partial(\rho v_y)}{\partial y} + \frac{\partial(\rho v_z)}{\partial z}\right]\Delta x \Delta y \Delta z = \frac{\partial}{\partial t}(\rho n \Delta x \Delta y \Delta z) \tag{5-7}
$$

中的孔隙度 n 换成含水率 θ，同时将方程两端的 $\Delta x\Delta y\Delta z$ 约去，当不考虑水的压缩性时，水密度 ρ 可以近似看作常量，再用体积含水率 θ 代替饱和度 S_r，则

$$-\left[\frac{\partial v_x}{\partial x}+\frac{\partial v_y}{\partial y}+\frac{\partial v_z}{\partial z}\right]=\frac{\partial \theta}{\partial t} \tag{5-8}$$

将达西定律代入式(5-8)，可得非饱和渗流的基本微分方程

$$\frac{\partial}{\partial x}\left[K(\theta)\frac{\partial h}{\partial x}\right]+\frac{\partial}{\partial y}\left[K(\theta)\frac{\partial h}{\partial y}\right]+\frac{\partial}{\partial z}\left[K(\theta)\frac{\partial h}{\partial z}\right]=\frac{\partial \theta}{\partial t} \tag{5-9}$$

5.1.3　定解条件

对饱和渗流与非饱和渗流基本微分方程的求解，必须考虑特定的边界条件和初始条件。第一类边界条件是水头，第二类边界条件是流量，第三类边界条件是自由渗流面。

5.1.4　求解方法

5.1.4.1　间接耦合法

渗流场与应力场耦合的求解方法主要有间接耦合法和直接耦合法。

间接耦合法是指在渗流场与应力场下分别进行独立计算后，再通过渗流场和应力场的迭代计算，实现耦合场的计算目的。求解步骤主要为：先通过渗流分析获得域内水压分布规律；然后计算渗透压力，并将渗透压力作为外荷载施加到模型上，用于计算渗流影响下的位移场和应力场。应力场又将引起介质孔隙率等参数的改变，于是修改渗透系数，重新计算渗流场。如此反复，重复上述步骤，直至计算结果的精度在允许范围之内。

5.1.4.2　直接耦合法

直接耦合法是指以渗流场和应力场中的参数为基本未知量，直接耦合求解。该方法采用耦合场单元进行计算，按时间过程连

续求解,不需要对渗流场和应力场进行迭代计算。在计算过程中,通过耦合场计算单元矩阵(矩阵耦合)或是单元载荷矢量(载荷矢量耦合)来实现应力场的耦合。直接耦合法的理论基础是三维Biot固结理论。

在进行渗流场与应力场耦合分析时,水在非饱和土中的渗流满足达西定律。在非饱和土渗流计算过程中,孔隙水压力为负值,渗透系数为基质吸力的函数。这种状态与饱和土渗流计算过程的不同之处仅仅在于孔隙水压和渗透系数的不同。因此,可以将非饱和渗流计算和饱和渗流计算写成统一的方程形式,从而可以将浸润面以下的饱和区和以上的非饱和区作为一个统一的区域进行饱和—非饱和渗流计算。计算时,假设浸润面为孔隙水压力等于零的等势面,这样,可以有效减少非稳定渗流的迭代计算时间,同时浸润面的判断也较简单。

5.2　渗流场与应力场耦合机制分析

渗流场与应力场耦合分析理论是渗流力学、土力学、岩石力学相互交叉发展起来的学科。尾矿坝的渗流场和应力场之间是互相联系的。渗流场变化时,通过对渗流体积力与渗透压力的影响实现对应力场的影响。应力场变化时,通过对孔隙率、渗透系数的影响实现对渗流场的影响。尾矿库是典型的颗粒堆积多孔介质而成的坝体,填筑材料的沉积时间和各部位的固结度、密实度、应力场差异较大,渗透系数也随坝体应力的变化而不同。所以,考虑尾矿坝应力场与渗流场的耦合并进行尾矿坝的稳定性研究具有十分重要的意义,也是一个难点问题。渗流场与应力场相互作用、相互影响,最终达到一个新的平衡状态。

5.2.1 渗流场影响应力场的机制

渗流场对应力场的影响是通过渗流给介质施加力的作用来实现的。这种力包括渗透静水压力和渗透动水压力。渗透静水压力是指作用在某作用面上与法线方向相一致的面力。渗透动水压力是以渗流体积力的形式(水荷载)作用于介质上的。一定的渗流场对应着一定的水荷载分布,因此渗流场的变化将导致水荷载分布的变化。所以,渗流场对应力场的影响是通过改变介质外荷载(水荷载)而改变介质中的应力场分布。

渗流体积力与水力梯度成正比,因此各方向的渗流体积力为

$$\begin{Bmatrix} f_x \\ f_y \\ f_z \end{Bmatrix} = \begin{Bmatrix} -\gamma_w \dfrac{\partial h}{\partial x} \\ -\gamma_w \dfrac{\partial h}{\partial y} \\ -\gamma_w \dfrac{\partial h}{\partial z} \end{Bmatrix} = \begin{Bmatrix} \gamma_w J_x \\ \gamma_w J_y \\ \gamma_w J_z \end{Bmatrix} \tag{5-10}$$

式中:f 为渗流形成的体积力;f_x、f_y、f_z 分别为 x、y、z 方向上的体积力分量;γ_w 为水容重;J_x、J_y、J_z 分别为 x、y、z 方向上的渗透坡降。

在采用有限单元法计算时,可以将式(5-10)所示的体积力转化为单元的结点外载荷。根据有限单元法理论,上述渗透体积力及其增量的单元等效结点载荷为

$$\{F_S\} = \int_{\Omega_e} [N]^T \begin{Bmatrix} f_x \\ f_y \\ f_z \end{Bmatrix} \mathrm{d}x\mathrm{d}y\mathrm{d}z \tag{5-11}$$

$$\{\Delta F_S\} = \int_{\Omega_e} [N]^T \begin{Bmatrix} \Delta f_x \\ \Delta f_y \\ \Delta f_z \end{Bmatrix} \mathrm{d}x\mathrm{d}y\mathrm{d}z \tag{5-12}$$

式中:$\{F_S\}$ 为渗流体积力引起的等效节点力;$\{\Delta F_S\}$ 为渗流体积

力增量引起的等效节点力增量。

5.2.2　应力场影响渗流场的机制

介质中应力状态的变化会导致介质的孔隙比、孔隙率发生变化。多孔介质的渗透系数与其孔隙分布情况有关,因此孔隙比和孔隙率的变化会导致渗透系数的变化,进而导致渗流性质的改变。因此,应力场对渗流场的影响机制是应力场改变了介质中的孔隙分布状况,即改变了介质的渗透性特征。

根据达西定律,渗透系数 K 为

$$K = k\frac{\gamma_w}{\mu} = k\frac{g}{\nu} \tag{5-13}$$

式中:k 为渗透率;μ 为动力黏滞系数;ν 为运动黏滞系数。

在式(5-13)中,$\frac{\gamma_w}{\mu}$ 是流体性质的体现,渗透率 k 是介质骨架性质的体现,即影响多孔介质渗透性能的因素主要有:①流体的密度和黏度等指标;②介质的颗粒大小、孔隙率、比表面积、形状、平均传导率等指标。其中,孔隙率对渗透性能的影响最为显著。介质的孔隙率(或孔隙比)越大,其渗透系数越大。试验表明,多孔介质的渗透率 k 或渗透系数 K 可表示为孔隙率 n 或孔隙比 e 的函数。

在计算过程中,可以不考虑尾矿颗粒的水体密度和压缩的变化。因此,假设体积应变 ε_V 完全是由孔隙体积变化引起的,则单元的孔隙率 n 为

$$n = 1 - \frac{1 - n_0}{1 + \varepsilon_V} \tag{5-14}$$

当体积应变较小时,式(5-14)可简化为

$$n = n_0 + \varepsilon_V \tag{5-15}$$

计算时,根据应力场和位移场计算结果,按式(5-15)重新计算新的孔隙率和孔隙比,然后调整渗透系数重新计算渗流场。此外,

由于体积应变是由应力场决定的,所以渗透系数也可表示为应力状态的函数

$$K = k(\sigma_{ij}) \tag{5-16}$$

综上所述,应力场对渗流场的影响机制是应力场是通过改变体积应变和孔隙率来改变渗透率的,进而影响渗流场。

5.3　渗流场与应力场直接耦合分析

5.3.1　数学模型

基于连续介质基本理论,Biot 建立了考虑饱和土体的 Biot 固结理论模型。该模型的基本假定是:

(1)土体是具有小变形特性的各向同性线弹性体;

(2)土颗粒和孔隙水不可压缩;

(3)孔隙水运动服从达西定律,不计惯性力。

5.3.1.1　平衡微分方程

根据有效应力原理,总应力由有效应力 σ' 与孔隙压力 u 组成,并且孔隙水不承受切应力作用。在土体中取一单元体,体积力中只考虑重力的影响,同时应力以压为正,坐标系取直角坐标系,z 坐标取竖直向上为正方向,则单元体的平衡微分方程为

$$\left.\begin{aligned}
\frac{\partial \sigma'_x}{\partial x} + \frac{\partial \tau_{xy}}{\partial y} + \frac{\partial \tau_{xz}}{\partial z} + \frac{\partial u}{\partial x} &= 0 \\
\frac{\partial \tau_{xy}}{\partial x} + \frac{\partial \sigma'_y}{\partial y} + \frac{\partial \tau_{yz}}{\partial z} + \frac{\partial u}{\partial y} &= 0 \\
\frac{\partial \tau_{xz}}{\partial x} + \frac{\partial \tau_{yz}}{\partial y} + \frac{\partial \sigma'_z}{\partial z} + \frac{\partial u}{\partial z} &= -\gamma
\end{aligned}\right\} \tag{5-17}$$

式中:$\frac{\partial u}{\partial x}$、$\frac{\partial u}{\partial y}$、$\frac{\partial u}{\partial z}$ 分别为 x、y、z 方向上的单位渗透力。

5.3.1.2　本构方程

本构方程为

$$\{\sigma'\} = [\boldsymbol{D}]\{\varepsilon\} \tag{5-18}$$

式中：$[\boldsymbol{D}]$为弹性矩阵。

5.3.1.3　几何方程

在满足小变形假设的情况下，几何方程为

$$\{\varepsilon\} = -[\partial]\{\omega\} \tag{5-19}$$

式中：$\{\omega\}$为位移分量，$\{\omega\} = [\omega_x \quad \omega_y \quad \omega_z]^{\mathrm{T}}$。

5.3.1.4　连续性方程

根据连续性假设，从单元体内流出的水量应等于介质的压缩量，则当土的渗透性为各向同性时，连续性方程为

$$\frac{\partial \varepsilon_V}{\partial t} = -\frac{K}{\gamma_{\mathrm{w}}}\nabla^2 u \tag{5-20}$$

式中：ε_V 为土的体积应变；K 为渗透系数。

5.3.1.5　渗流场与应力场耦合微分方程

用位移来表示体积应变时有

$$\varepsilon_V = \{M\}^{\mathrm{T}}\{\varepsilon\} = -\{M\}^{\mathrm{T}}[\partial]\{\omega\} \tag{5-21}$$

则用位移和孔隙压力表示的连续性方程为

$$-\frac{\partial}{\partial t}\left(\frac{\partial \omega_x}{\partial x} + \frac{\partial \omega_y}{\partial y} + \frac{\partial \omega_z}{\partial z}\right) + \frac{K}{\gamma_{\mathrm{w}}}\nabla^2 u = 0 \tag{5-22}$$

将式(5-19)代入式(5-18)，然后代入式(5-17)，则可得用位移和孔隙压力表示的平衡微分方程

$$-[\partial]^{\mathrm{T}}[D][\partial]\{\omega\} + [\partial]^{\mathrm{T}}[D][\partial]\{\omega\} = \{f\} \tag{5-23}$$

当土体饱和时，土体中任何一点的孔隙压力和位移都随时间而变化。孔隙压力和位移需满足平衡方程和连续性方程，则同时对时间求差分，可得渗流场与应力场直接耦合的微分方程

$$\left.\begin{aligned}&-[\partial]^{\mathrm{T}}[D][\partial]\{\omega\}+[\partial]^{\mathrm{T}}[D][\partial]\{\omega\}=\{f\}\\&-\frac{\partial}{\partial t}\{M\}^{\mathrm{T}}[\partial]\{\omega\}+\frac{K}{\gamma_{\mathrm{w}}}\nabla^2 u=0\end{aligned}\right\}\tag{5-24}$$

式(5-24)反映了土体变形与渗流的耦合。在平衡方程中,第一项为位移所对应的力;第二项为孔隙压力所对应的力。在连续性方程中,第一项为单位时间内位移改变所对应的体积变形;第二项为孔隙压力变化所引起的渗出水量。

式(5-24)是包含 4 个偏微分方程的微分方程组,包含 4 个以坐标 x、y、z 和时间 t 为自变量的 u、ω_x、ω_y、ω_z。在一定的初始条件和边界条件下,可解出这 4 个变量。

5.3.2　耦合场求解

有限单元法是用网格将连续体剖分为有限个单元,这些单元在结点处传递相邻单元之间的作用力;同时,设置四通管(或三通管、二通管等),用以传递相邻单元之间的水流。单元体只在结点处有力和水流的联系;单元体邻边之间没有力和水流的联系。

当单元结点上的位移和孔隙水压力已知时,可采用插值方法计算单元体内任一点的位移和孔隙水压力。这样,问题归结为计算结点位移和结点孔隙水压力。因此,固结有限元方程组的基本未知量是结点位移和节点孔隙水压力。

5.3.2.1　单元分析

1. 平衡方程

采用结点位移和孔隙水压力来表示单元内任一点的位移和孔隙水压力,则单元的平衡方程为

$$[\bar{k}]\,[\delta]^e+[k']\,[\delta]^e=\{F\}^e\tag{5-25}$$

式中:$[\bar{k}]$ 为单元劲度矩阵;$[k']$ 为孔隙水压力对应的结点力与单元结点孔隙水压力之间的关系矩阵;

$$
\left.\begin{aligned}
[\bar{k}] &= \iint_e [B]^{\mathrm{T}}[D][B]\,\mathrm{d}x\mathrm{d}z \\
[k'] &= \iint_e [B]^{\mathrm{T}}[D][N']\,\mathrm{d}x\mathrm{d}z
\end{aligned}\right\} \tag{5-26}
$$

式(5-26)表示单元结点力与结点位移和结点孔隙水压力之间的关系。

2. 连续性方程

对于任意单元体 e,从单元结点上流出去的水量总和等于单元的体积压缩量。因此,可以采用虚功原理求解从结点流出去的水量。根据虚功原理,单元内部所做的虚功等于外部在该单元所有结点处所做的虚功的总和,则可得任意单元体的有限元连续性方程式

$$
[\hat{k}]\{\Delta\delta\}^e + [\tilde{k}]\{\beta\}^e = \Delta t\{Q_1\}^e \tag{5-27}
$$

式中

$$
[\hat{k}] = \iint_e [N']^{\mathrm{T}}\{M\}^{\mathrm{T}}[B]\,\mathrm{d}x\mathrm{d}z
$$

$$
[\tilde{k}] = \frac{k\Delta t}{\gamma_{\mathrm{w}}}\iint_e \left(\frac{\partial[N']^{\mathrm{T}}}{\partial x}\frac{\partial[N']}{\partial x} + \frac{\partial[N']^{\mathrm{T}}}{\partial z}\frac{\partial[N']}{\partial z}\right)\mathrm{d}x\mathrm{d}z
$$

3. 单元固结方程

联立单元的平衡方程和连续性方程可以获得单元的固结方程。在平衡方程中,位移和水压力是全量形式;在连续性方程中,水压力是全量形式,位移是增量形式。因此,统一采用增量形式,则式(5-27)变为

$$
[\bar{k}]\{\Delta\delta\}^e + [k']\{\beta\}^e = \{F\}^e = \{F_t\}^e \tag{5-28}
$$

式中:$\{F_t\}^e$ 表示位移 $\{\delta_{t-\Delta t}\}^e$ 所对应的结点力,$\{F_t\}^e = [\bar{k}]\{\delta_{t-\Delta t}\}^e$,$\{\delta_{t-\Delta t}\}^e$ 为该计算时刻之前已经发生的位移总量。

因此,联立单元 e 的平衡方程和连续性方程,可得任意单元体

e 的流固耦合方程

$$\begin{bmatrix} \bar{k} & k' \\ \hat{k} & \tilde{k} \end{bmatrix} \begin{Bmatrix} \Delta\delta \\ \beta \end{Bmatrix}^e = \begin{bmatrix} F - F_t \\ V_1 \end{bmatrix}^e \tag{5-29}$$

式中:单元矩阵 $[\hat{k}] = [k']^{\mathrm{T}}$ 是对称矩阵。

5.3.2.2　**整体分析**

1. 平衡方程

对所有位移未知的结点建立平衡方程,可得平衡方程组

$$[\bar{K}]\{\delta\} + [K']\{\beta\} = \{R\} \tag{5-30}$$

使用位移增量形式来描述上述平衡方程,则可得平衡微分方程所对应的有限单元法中使用的平衡方程

$$[\bar{K}]\{\Delta\delta\} + [K']\{\beta\} = \{R\} - \{R_t\} \tag{5-31}$$

式中:$\{R_t\}$ 为 t 时刻位移对应的平衡结点荷载。

2. 连续性方程

在有限元网格中,任取一结点 i,假设该结点周围有 4 个如图 5-1所示的相邻单元 A、B、C、D,则这 4 个单元通过四通管流向结点 i 的流量总和 V_{li} 必然等于零。如果不等零,则表明水在结点处积聚($q>0$)或者脱空($q<0$)。由于水是连续的,因此不会出现这种现象。于是

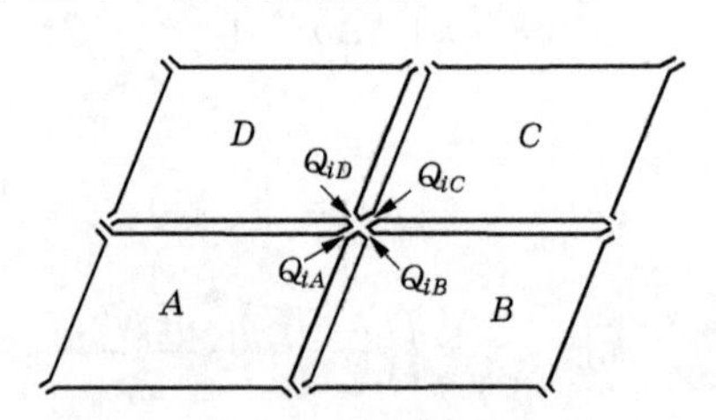

图 5-1　结点 i 的流量平衡

$$\sum_e V_{li} = 0 \tag{5-32}$$

将有限元连续性方程式(5-27)代入式(5-32),可得

$$\sum_e \sum_{l=i,j,k,m} [\hat{k}_{il}]\{\Delta\delta_l\} + \sum_e \sum_{l=i,j,k,m} [\tilde{k}_{il}]\beta_l = \{0\} \tag{5-33}$$

将上述方程应用于各结点,则可得连续性微分方程对应的有

限单元法连续性方程组

$$[\hat{K}]\{\Delta\delta\} + [\tilde{K}]\{\beta\} = \{0\} \tag{5-34}$$

3. 固结有限元方程

联立式(5-31)和式(5-34),可得 Biot 固结方程的有限单元法计算公式

$$\begin{bmatrix} \bar{K} & K' \\ \hat{K} & \tilde{K} \end{bmatrix} \begin{Bmatrix} \Delta\delta \\ \beta \end{Bmatrix} = \begin{bmatrix} R - R_t \\ 0 \end{bmatrix} \tag{5-35}$$

式中:$[\bar{K}]$、$[K']$、$[\hat{K}]$ 和 $[\tilde{K}]$ 分别由单元矩阵 $[\bar{k}]$、$[k']$、$[\hat{k}]$ 和 $[\tilde{k}]$ 中的元素叠加组成。显然,$[\hat{K}] = [K']^{T}$。

假设在土体网格中,未知结点位移个数为 n_1,未知结点孔隙压力个数为 n_2,则可建立 n_1 个平衡方程、n_2 个连续性方程。在求解时,从 $t=0$ 开始求解,每次增加一个 Δt,根据式(5-35)可以求出 $\{\Delta\delta\}$ 和 $\{\beta\}$,进而可以求出 $\{R_t\}$,并将其用于解下一个时刻;如此迭代反复。在获得位移增量、应变增量和应力增量后,可以求出位移、应变和应力。这样,可以在一次计算中,同时求出孔隙水压力、位移、应变和应力在固结过程中的变化全过程。

5.4 渗流场和应力场耦合分析

5.4.1 计算参数

5.4.1.1 概化分区

尾矿库初期坝为碾压式堆石坝,堆石子坝选用与初期坝同样的石材,但由于其为后期工程,因此单独概化分区,尾矿堆积坝选用尾矿料上游式堆筑方法,这种堆筑方式使得尾矿库中的尾矿料粗细颗粒均匀分布,不具分选性。根据钻孔波速测试试验结果可

知,坝基底部的波速有一个明显的转折点,在洪积物和中等风化白云岩体之间。因此,将坝体概化分五区,初期坝概化为透水性均质堆石坝,堆石子坝概化为透水性均质堆石坝,尾矿堆积坝概化为均质细粒尾矿料,坝基在施工过程中要清基处理,故概化为白云岩体。

尾矿库工程区所在地层的空间分布差异性很大,表现为岩层平面延伸缺乏连续性,厚度也不均匀。如果严格按照钻孔剖面反映出的地层特性建立计算模型,模型将会十分复杂。同时,这些区域剖分出来的单元可能会是网格质量很差的异形单元,可能会造成计算无法进行下去。因此,将所有地层合并处理。

5.4.1.2　参数选取

地基岩体的力学参数如表 5-1 所示。

表 5-1　地基岩体的力学参数

重度 (kN/m³)	弹性模量 (MPa)	阻尼比	泊松比	渗透系数 (cm/s)	抗压强度		抗剪断强度	
					干燥 (MPa)	饱和 (MPa)	黏聚力 (kPa)	内摩擦角 (°)
27.0	35.2×10^3	0.12	0.22	2.86×10^{-5}	63.1	53.2	8.6	43.8

初期坝和堆石子坝介质参数选取中,考虑到它们所选用的石材均是白云岩风化料,计算参数选取同一参数。根据土工试验结果,参数选取见表 5-2。

表 5-2　坝材的物理力学性质

重度 (kN/m³)	弹性模量 (MPa)	阻尼比	泊松比	压缩模量 (MPa)	渗透系数 (cm/s)	抗剪强度	
						黏聚力 (kPa)	内摩擦角 (°)
19.0	35.2×10^3	0.15	0.25	133.64	4.2	90.0	36.0

尾矿堆积坝介质参数的选取是根据前文对尾矿料的力学特征和固结特征的研究结论进行选定的。前面研究结果表明,尾矿料的比表面积和总孔隙体积都远小于红黏土,并与粉土相近,所以其水理性质接近粉土,同时尾矿料的抗剪强度指标受基质吸力的影响,所以随着饱和度和干密度的变化,抗剪强度指标有所变化,综合考虑尾矿料的以上特征和安全保障,在此饱和区和非饱和区选用抗剪强度指标的最小值作为基础计算参数。同时,研究结果表明非饱和区孔隙水的作用会影响非饱和尾矿料的力学性质,因此引入基质吸力,确定非饱和区尾矿料的力学参数,计算尾矿坝非饱和区的稳定性。在前文研究尾矿料的压缩固结特征中发现,尾矿料对应力历史不敏感,在初始固结压力作用后,压缩系数基本不再变化,因此尾矿料在长期的充填堆积过程中,已经在自重作用下经历了初始固结过程,所以在后期填筑子坝后,压缩系数是稳定的,因此选择初始固结后的试验结果作为计算参数。渗透系数的选取中,根据磷矿尾矿料的矿物成分和孔结构特征的研究结果,由于磷矿尾矿料的基质孔含量远小于红黏土,对水的吸附能力相对较差,矿物颗粒表面结合水不发育,所以孔隙水在渗透过程中,对土体的渗透稳定性影响较大,因此渗透系数选用试验最大值。其他参数均选用土工试验结果。具体参数取值如表 5-3 所示。

表 5-3　尾矿料的物理力学性质

重度 (kN/m³)	弹性模量 (MPa)	阻尼比	泊松比	压缩模量 (MPa)	渗透系数 (cm/s)	抗剪强度	
						黏聚力 (kPa)	内摩擦角 (°)
19.3	35.0	0.16	0.4	8.15	2.5×10^{-5}	10.6	26.8

5.4.2　计算模型

根据规范要求,尾矿堆坝总坝高 130 m,则尾矿坝等别为二等;尾矿堆坝总库容 439.8 万 m^3,则尾矿坝等别为四等;综合考虑二者因素,该尾矿坝等别为三等。

在尾矿坝渗流场和应力场的计算分析中,取初期坝、尾矿堆坝、山体和基岩共同建立计算模型,使用商业软件进行计算。模型计算边界的确定对计算结果影响很大。计算边界范围大,可以很好地消除边界效应,但会生成庞大的计算单元和节点,给数值计算带来困难;过小的边界范围会在边界施加约束之后,产生较大的边界效应,从而影响计算精度。结合工程区的地形地貌及岩土体的分布特征,根据弹性力学的基本理论,计算模型在上游、下游和岩基方向各取 2 ~3 倍坝高。坝轴线方向为 x 轴,坝体高程方向为 y 轴,z 轴指向坝体左岸。在模型中,库区内排水管、堆坝上游坝坡的排渗管网、堆石子坝坝基的纵横排渗盲沟不予单独考虑;这样处理可以使设计方案偏于安全。

在模型计算时,网格数量、疏密、形状、单元阶次等因素的选择尽可能按照最优原则划分。单元的长宽比大致控制在 1∶1 ~1∶2。尾矿库整体结构的计算模型如图 5-2 所示。在平面计算中,整个尾矿坝计算模型的节点总数为 12 945 个,单元总数为13 084个。在空间计算中,整个尾矿坝计算模型的节点总数为 573 545 个,单元总数为 537 060 个。

5.4.3　计算说明

5.4.3.1　渗流出逸面位置

在渗流分析中,在坝体下游面会有一渗流出逸面(点)。浸润线在坝体下游坡面出逸,出逸点以下的部分为渗流出逸面。该面是孔隙水压力等于零(大气压力)的边界条件。

在进行分析之前,出逸点的位置是未知的,因此必须在开始分析时假设出逸点位置。在每次计算迭代后,采用重新评估渗流出逸点的边界条件的方法对出逸点进行修正。

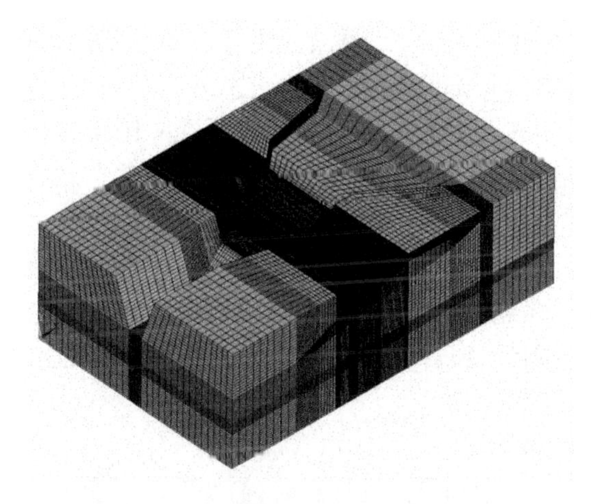

图5-2 尾矿坝整体结构三维计算模型

在计算分析过程中，将计算模型中渗流出逸点以上的结点流量假定为0。计算收敛之后，检查刚好在出逸点上的结点孔隙水压力水头。如果该点的孔隙水压力水头为负，则说明假设的出逸点是正确的。否则，对渗流出逸点边界加以修正。可将浸润线出逸点假设到一个较高的出逸点处。重复以上步骤，直到获得正确的出逸点。

5.4.3.2 初始压力水头场

在饱和-非饱和渗流场计算时，需要知道初始压力水头场。对于饱和区域的初始压力水头，按照饱和渗流进行计算，可以获得初始压力水头场；对于非饱和区域的初始压力水头场，很难获得较精确的初始压力水头场。

当非饱和区域的实测资料比较充分时，可采用人工神经网络方法预测非饱和区的初始水头场。一般来说，实测资料越充分，预测的结果就越好。

5.4.3.3 收敛准则

收敛准则有总体收敛准则和局部收敛准则。总体收敛准准则是指选用结点的压力水头 h 的范数加上 1.0 之后的值作为收敛精度的控制标准。局部收敛准则是指把每一个结点压力水头值与上一次迭代计算过程中获得的对应值进行逐一比较,如果所有结点的压力水头变化量都小于某指定值,则认为计算收敛。

本书采用局部收敛准则：

$$\max\{|h_{n-1}^{m}-h_{n}^{m}|\}\leqslant\varepsilon \tag{5-36}$$

式中：ε 为收敛精度,其取值大小直接影响迭代收敛速度的快慢；h_{n-1}^{m} 和 h_{n}^{m} 分别为第 m 时步内的第 $n-1$ 次和第 n 次迭代时计算域内的结点压力水头值。

5.4.3.4　时步选择

在饱和－非饱和渗流场计算时,需要对时间变量进行离散,分时段进行计算,每一个时段又要分为若干个时步进行计算。因此,选择合适的时步,既能保证迭代收敛,同时满足计算精度要求,又能避免步长太小而引起较大的积累误差,同时节省机时。

首先根据经验选择每一时段的初始时步进行试算,如果迭代收敛,则取此值为该时段的迭代步长。否则,步长减半后,再次进行计算,直到获得使迭代收敛的步长为止。

5.4.4　尾矿库渗流场特征

以洪水最高水位工况为例进行分析说明。

5.4.4.1　总水头等值线

洪水最高水位时,平面计算时总水头等值线如图 5-3 所示。

从图 5-3 中可以看出：

(1)库区内堆积的尾矿向库区方向有 0.01 的坡降,库区尾部山体高程高于尾矿高度,浸润线坡度较为平缓。

(2)库区内堆积的尾矿向初期坝方向,靠近上游部位的坡度变化较为平缓,靠近下游部位的坡度变化较为陡峭;在初期坝上游坝坡处,变化梯度最大。这是因为初期坝的渗透系数远大于尾矿

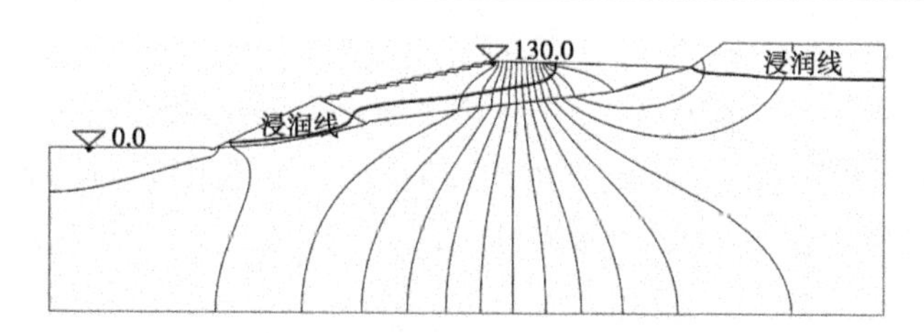

图 5-3　洪水最高水位时总水头

的渗透系数。

(3)由于初期坝的坝基面为倾向下游的坡面,靠近上游部位的浸润线高程较低,靠近下游部位的浸润线高程较高。

(4)洪水最高水位时,尾矿堆积坝下游坡浸润线的最小埋深为 7.26 m;正常运行水位时,尾矿堆积坝下游坡浸润线的最小埋深为 7.11 m,均满足规范要求。

5.4.4.2　渗透比降(水力梯度)

洪水最高水位时下游坝坡面的渗透比降如图 5-4 所示。从图 5-4 中可以看出:x 坐标取值为 342.0 m 的点的位置处的渗透比降为 0.511 23。该点为渗流自由面和溢出面的交界点,即溢出点。该点处的渗透比降大于 0.5。

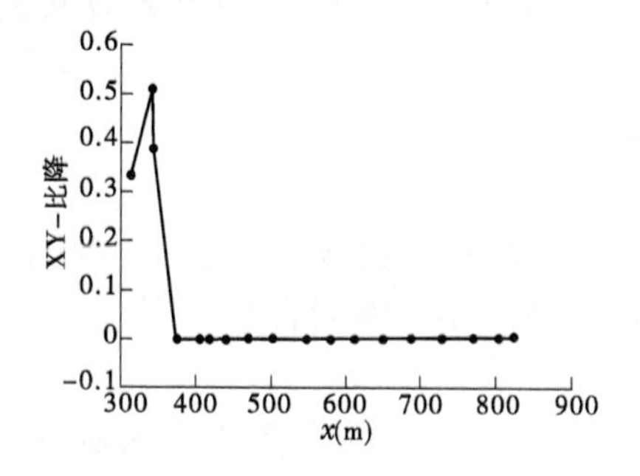

图 5-4　下游坝坡面的渗透比降

5.4.4.3 工程建议

根据上述计算结果,对于该尾矿库来说,需要注意以下几点:

(1)初期坝溢出面的渗透比降值较大,需要采取相应措施,防止渗透破坏发生。此外,堆石子坝之间的相互连接部位也需要避免发生渗透破坏。

(2)为有效降低浸润线高程,同时防止雨水冲刷坝肩及坝坡,在尾矿库初期坝及堆积坝的两坝肩与山坡交界处设坝肩截水沟,在堆积坝坡平台上设坝坡排水沟。坝坡排水沟汇水排至坝肩截水沟,坝肩截水沟汇水进入调节池。库内洪水采用排水涵管和排水井的方式泄洪,排水涵管从初期坝底通过,接入调节池。

5.4.5 尾矿库应力场和位移场特征

5.4.5.1 计算工况

尾矿坝静力学应力场和位移场计算的荷载组合为:初期坝、尾矿堆积坝和坝基自重、水荷载。下面以洪水最高水位工况为例进行分析说明。

边界条件:底部边界(X、Y、Z 方向)的位移为0;上、下游边界 X 方向位移为0,Y、Z 方向自由;左、右边界 Z 方向位移为0,X、Y 方向自由。

5.4.5.2 应力场

1. 垂直向应力场

静载作用下 Y 向(垂直向)有效应力分布如图5-5所示,应力最大值位于远离坝体和库区的基岩底部。

2. 切应力场

静载作用下的初期坝、子坝和尾矿堆积坝结构的切应力分布如图5-6所示,切应力最大值位于远离坝体和库区的基岩底部。

3. 主应力场

静载作用下的第一、三主应力分布如图5-7所示。

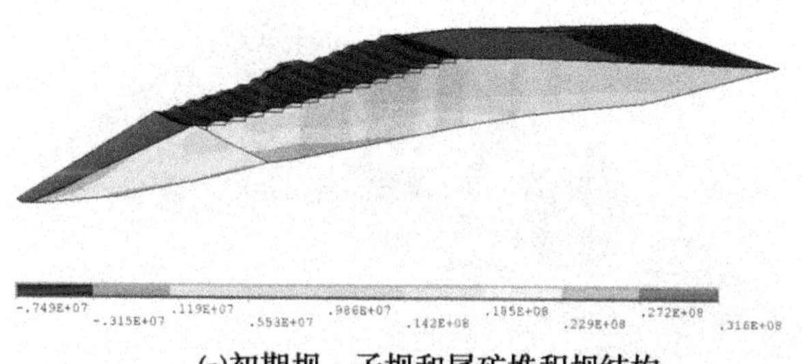

(a)初期坝、子坝和尾矿堆积坝结构

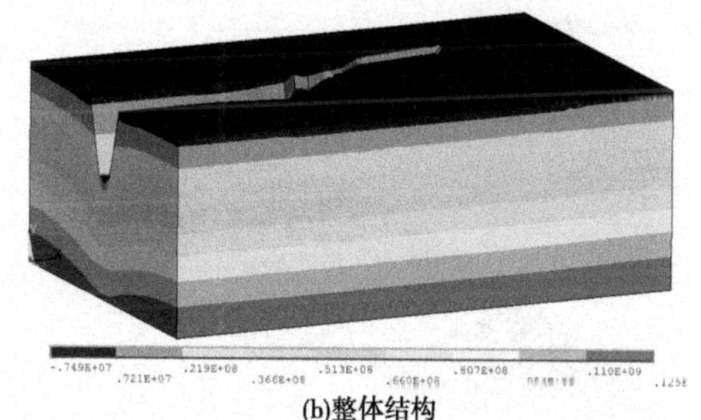

(b)整体结构

图5-5　静载作用下垂直向应力分布

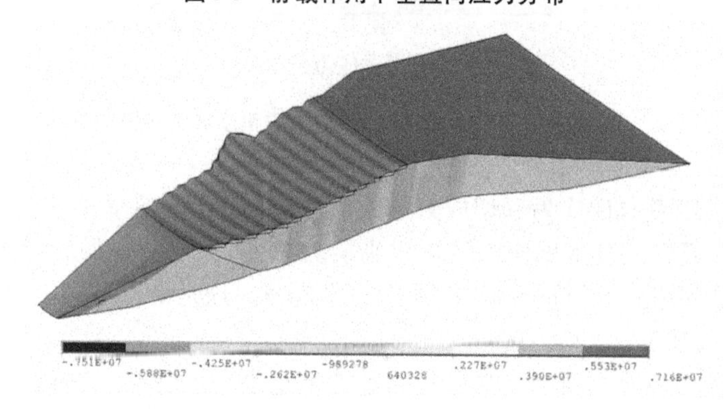

图5-6　静载作用下切应力(*XY*面)分布

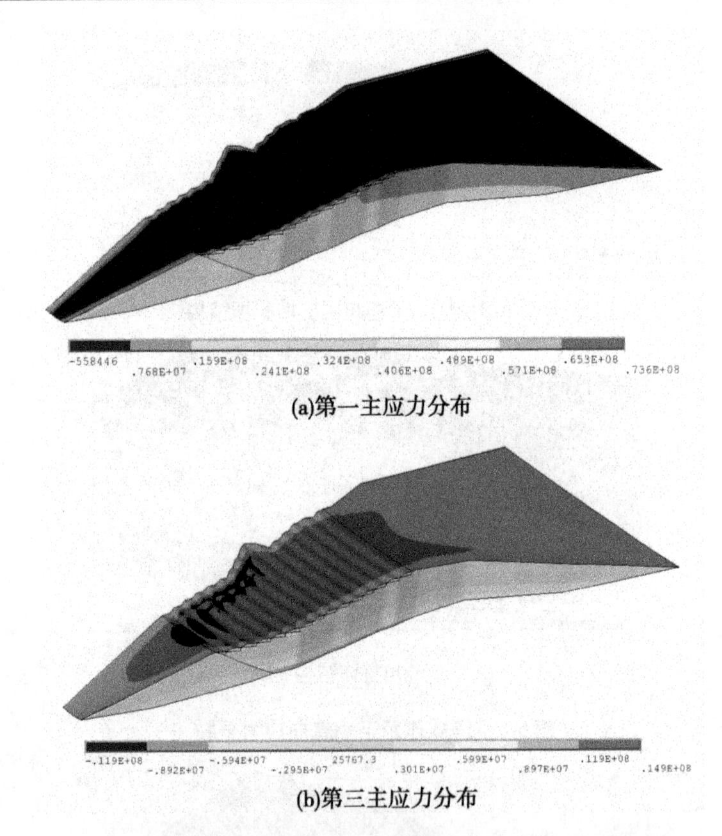

(a)第一主应力分布

(b)第三主应力分布

图 5-7　静载作用下初期坝、子坝和尾矿堆积坝结构主应力分布

从上述图形中可以看出：

(1)垂直向应力和切应力最大值位于远离坝体和库区的基岩底部，而且地基基岩应力呈近水平层分布，随深度的增加而增大。其应力分布特征符合一般的岩土力学规律。这是由于结构中的自重是主要荷载。

(2)库区垂直向应力分布基本上呈近水平层分布。在初期坝坝顶附近区域，应力处于较高水平。影响区域大概在距离坝顶高度 0 ~ 19 m 的范围内。该区域为堆石子坝为块石堆积而成的坝体,属于与混凝土浇筑的坝体不一样的松散体。因此,该区域属于整个库区中较危险的区域。

5.4.5.3 位移场

静载作用下初期坝、子坝和尾矿堆积坝结构的 Y 向(垂直向)位移分布如图5-8所示。

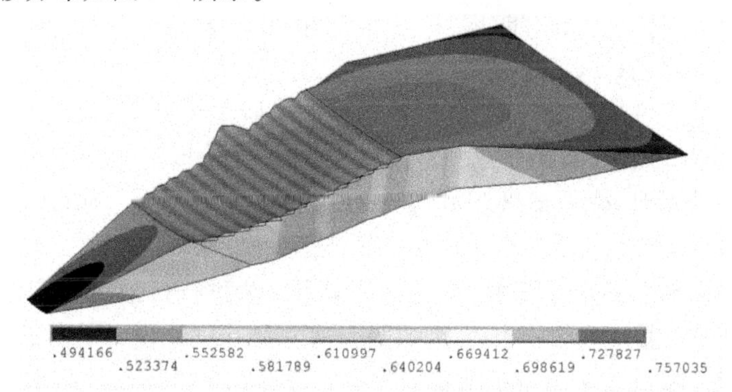

图5-8 静载作用下垂直向(Y 向)位移分布

从上述图形中可以看出:

(1)位移极值区域近似沿库区纵向(垂直于初期坝轴线)对称分布,位移大小自中心向外部呈环状递减的趋势。

(2)位移分布总体表现为沿库区纵向(垂直于初期坝轴线)方向向外侧偏移的态势。这表明自重作用下尾矿库具有沿堆积坝外坡向临空面滑移的趋势。这是由于外侧区域接近岩体,尾矿库中的水从岩体向外侧渗流的速度比向下游尾矿库区中央渗流的速度大。

5.5 整体加载时稳定性分析

整体加载和逐级加载属于不同的加载方式,即应力路径不同,但加载结束后有相同的应力状态,应力状态相同则坝体发生屈服和破坏是相同的。同时,整体加载后的工况为尾矿坝长期存在的状态,因此有必要对整体加载时尾矿坝进行稳定性分析。

5.5.1 计算工况

尾矿坝稳定计算的荷载组合为:①初期坝、尾矿堆积坝和坝基中的渗透压力;②初期坝、尾矿堆积坝和坝基自重;③地震荷载(拟静力法)。

抗震设防烈度为Ⅷ度,设计基本地震加速度值为0.20g。

根据规范,采用简化毕肖普法计算时,正常运用条件下坝坡抗滑稳定最小安全系数不小于1.30,洪水运行条件下应不小于1.20,特殊运行条件下应不小于1.15。

在平面稳定计算中,采用简化毕肖普法进行抗滑稳定安全系数计算。抗震稳定分析采用拟静力法。在三维稳定计算中,采用强度折减系数法进行抗滑稳定安全系数计算。以洪水最高水位工况为例进行分析。

5.5.2 洪水最高水位工况

5.5.2.1 简化毕肖普法

采用简化毕肖普法计算得到的安全系数为2.206,该值大于最小安全系数1.30。滑移面如图5-9所示。

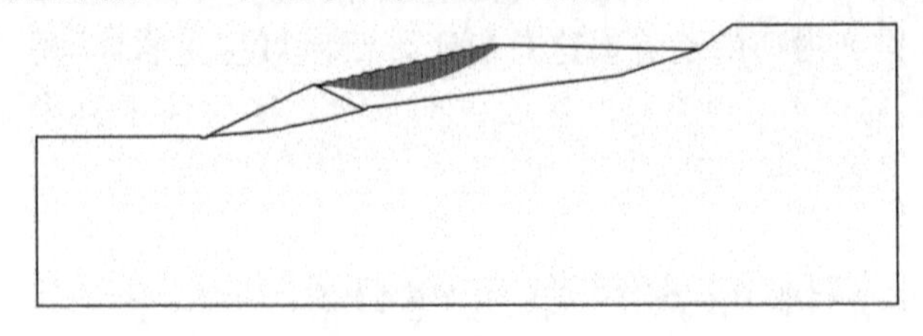

图5-9　洪水最高水位工况下滑移面(K=2.206)

滑移面的滑弧特征参数为:半径R=393.966 m,圆心坐标为

(606.248 m,772.667 m)。该滑移面入口在尾矿堆积坝顶部,出口在图 5-10 所示的下游坝坡面上的 A 点。

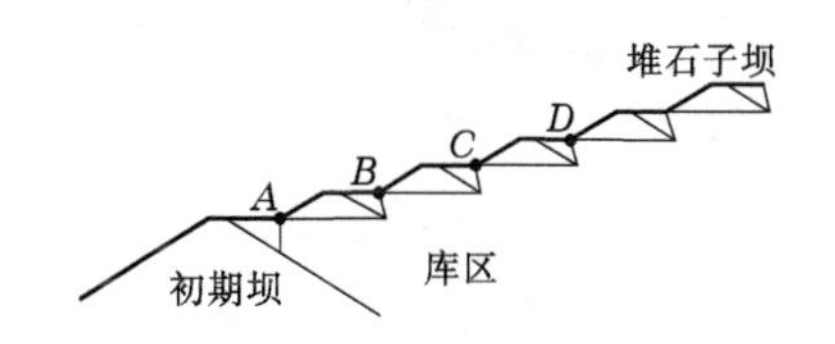

图 5-10　下游坝坡面关键点位置

5.5.2.2　**拟静力法**

采用拟静力法计算得到的地震荷载作用下的安全系数为 1.201 8;该值大于最小安全系数 1.15,属于安全状态。滑移面如图 5-11 所示。

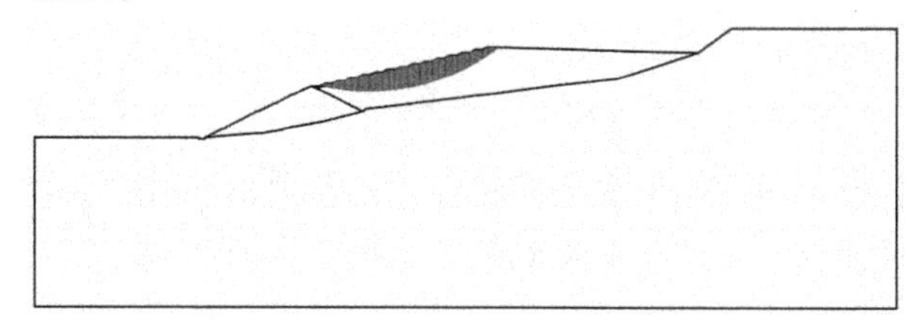

图 5-11　地震荷载洪水最高水位工况下滑移面(K = 1.192 8)

滑移面的滑弧特征参数为:半径 R = 377.446 m,圆心坐标为(611.357 m,755.577 m)。该滑移面入口在尾矿堆积坝顶部;出口在下游坝坡面上的 A 点。

5.5.2.3　**强度折减系数法**

使用三维计算模型时,洪水最高水位工况下,采用强度折减系数法计算得到的安全系数为 2.1,该值大于最小安全系数 1.30。滑移面的立体图如图 5-12 所示。

滑移面的滑弧特征参数为:半径 R = 391.758 m,圆心坐标为(611.946 m,770.586 m,0.0 m)。该滑移面入口在尾矿堆积坝顶

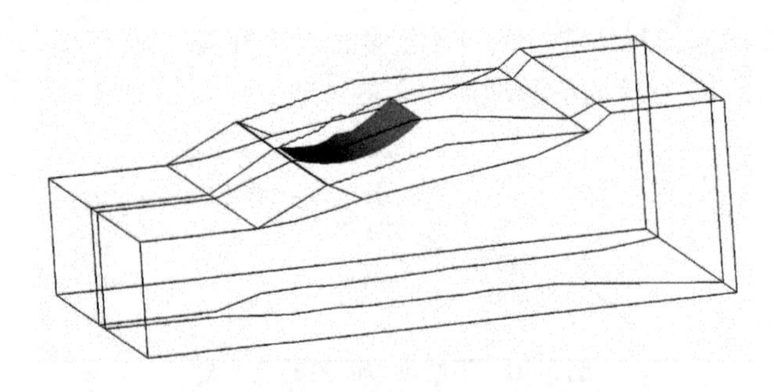

图 5-12　洪水最高水位工况下滑移面($K=2.1$)

部;出口在下游坝坡面上的 A 点附近。

5.5.3　稳定性特征

从上述分析可知:

(1)洪水最高水位工况下,在平面计算中,采用简化毕肖普法计算得到的抗滑稳定安全系数均大于规范要求值;在空间计算中,采用强度折减系数法计算得到的抗滑稳定安全系数均大于规范要求值。

(2)各种工况作用下的前 20 个滑移面情况表明危险滑移面基本上由尾矿库和堆石子坝构成。在降雨或其他不利条件下,堆石子坝很可能发生管涌、流土等渗流破坏。

(3)由于尾矿堆坝中尾矿的物理力学性质会随时间的推移而变化,参数确定较为困难。建议在初期坝,特别是堆石子坝上增设变形监测设施,并加强监测与分析。

5.5.4　工程建议

综合上述计算结果,针对该尾矿坝计算提出下述建议:

(1)堆石子坝的相互连接部位、初期坝溢出面的渗透比降值均较大;初期坝与堆石子坝的连接部位、堆石子坝之间的相互连接部位的应力、位移水平均处于较高状态。在各连接部位需要采取相应措施,防止渗透破坏、动载破坏发生;同时须有效降低浸润线高程。

(2)正常运行工况和地震荷载工况下的洪水最高水位,采用简化毕肖普法、强度折减系数法进行稳定计算获得的安全系数均大于规范要求值,属于安全状态。

(3)在初期坝、堆石子坝,特别是堆石子坝相互之间的连接部位上增设变形监测设施,加强监测与分析,并制订相应的应急处理方案。

(4)将初期坝的坝基面由倾斜的斜面方案修改为由台阶构成的阶梯式平面方案。

5.6　筑坝过程稳定性分析

根据 1:1 000 地形图,初期坝底标高 2 420.0 m,坝顶标高 2 480.0 m,堆积坝坝顶标高 2 550.0 m。尾矿堆积坝总库容为 439.8 万 m^3,有效库容为 388 万 m^3,尾矿量为 2 360 t/d。因此,尾矿坝从投产初期到堆积坝坝顶标高的施工过程模拟的计算时长为 6.26 年。

5.6.1　计算模型

在尾矿坝筑坝过程稳定性的计算分析中,依据尾矿子坝的高程和 6.26 年的筑坝时长,将尾矿库的筑坝过程分成 8 步。每层坝体单元激活后,随即更新右侧水位边界条件,进行加载,可得到该逐级加载数值分析结果。若将全部坝体作为一整体激活,即计算过程中激活到第 8 层时,可得到整体加载分析结果。故下述计算过程中仅分析第 1 ~7 层。在该模型中,初期坝左侧临空面为透水边界,右侧端面给定水位边界条件。设置方法同整体加载时尾矿坝稳定性分析相一致。

筑坝过程中,尾矿坝稳定计算的荷载组合为:①初期坝、尾矿堆积坝和坝基中的渗透压力;②初期坝、尾矿堆积坝和坝基自重。采用简化毕肖普法进行抗滑稳定安全系数计算。

5.6.2　筑坝过程稳定性计算

5.6.2.1　第 1 级加载

采用简化毕肖普法计算得到的安全系数为 2.080,该值大于最小安全系数 1.30。滑移面如图 5-13 所示。

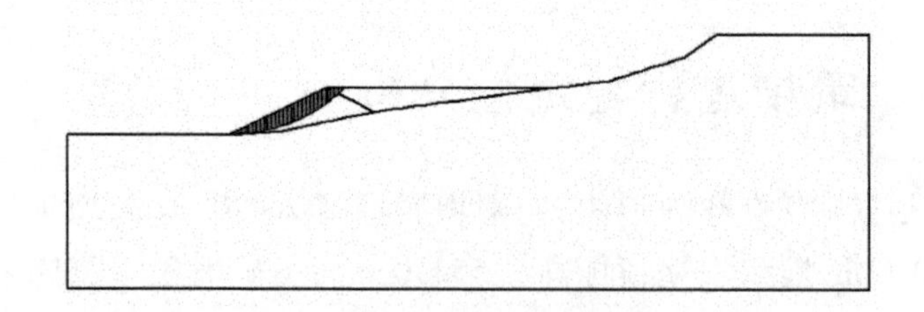

图 5-13　第 1 级加载工况下滑移面($K=2.080$)

滑移面的滑弧特征参数为:半径 $R=306.507$ m,圆心坐标为(324.900 m,606.587 m)。

5.6.2.2　第 2 级加载

采用简化毕肖普法计算得到的安全系数为 2.138,该值大于最小安全系数 1.30。滑移面如图 5-14 所示。

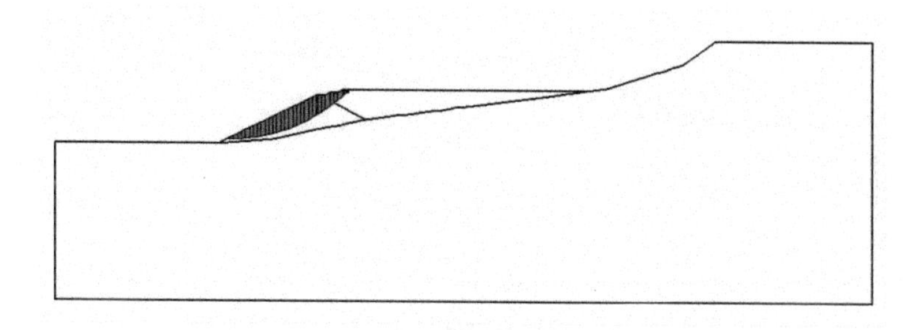

图5-14　第2级加载工况下滑移面($K=2.138$)

滑移面的滑弧特征参数为:半径 $R=313.683$ m,圆心坐标为(340.767 m,619.117 m)。

5.6.2.3　第3级加载

采用简化毕肖普法计算得到的安全系数为2.223,该值大于最小安全系数1.30。滑移面如图5-15所示。

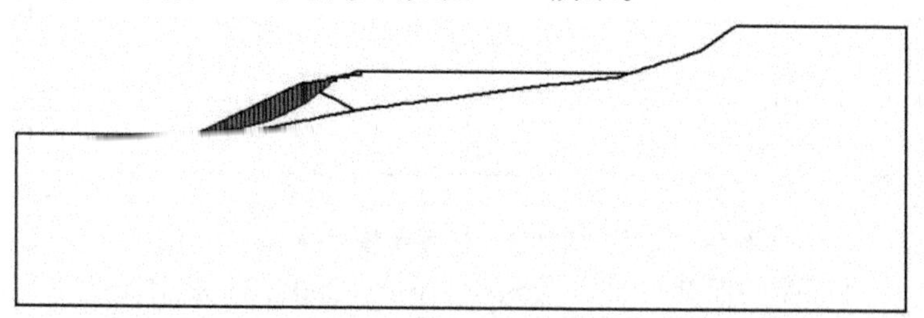

图5-15　第3级加载工况下滑移面($K=2.223$)

滑移面的滑弧特征参数为:半径 $R=313.683$ m,圆心坐标为(340.767 m,619.117 m)。

5.6.2.4　第4级加载

采用简化毕肖普法计算得到的安全系数为2.193,该值大于最小安全系数1.30。滑移面如图5-16所示。

滑移面的滑弧特征参数为:半径 $R=264.812$ m,圆心坐标为(343.987 m,566.173 m)。

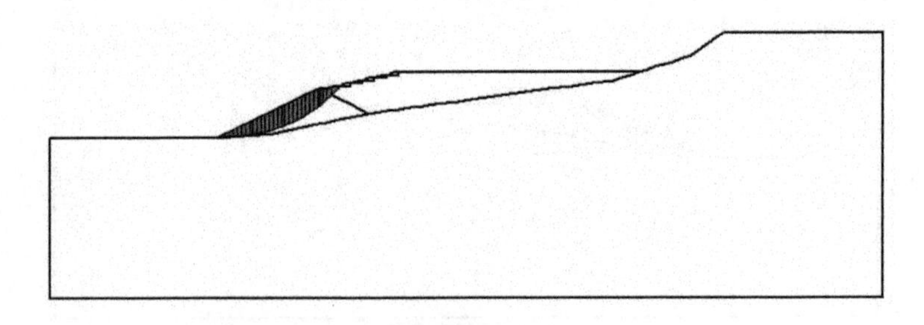

图 5-16　第 4 级加载工况下滑移面($K=2.193$)

5.6.2.5　第 5 级加载

采用简化毕肖普法计算得到的安全系数为 2.225,该值大于最小安全系数 1.30。滑移面如图 5-17 所示。

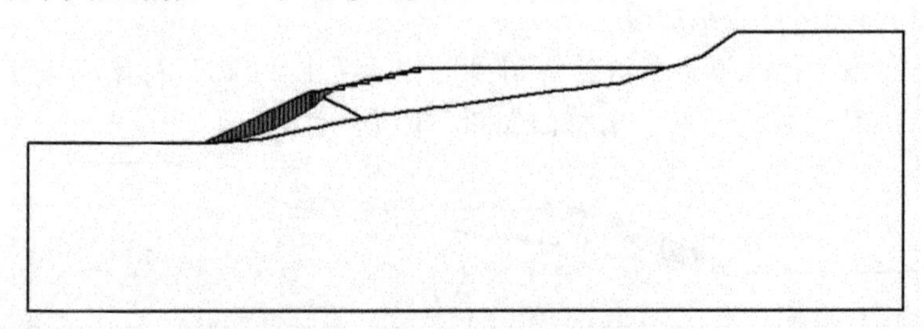

图 5-17　第 5 级加载工况下滑移面($K=2.225$)

滑移面的滑弧特征参数为:半径 $R=330.283$ m,圆心坐标为(313.887 m,629.173 m)。

5.6.2.6　第 6 级加载

采用简化毕肖普法计算得到的安全系数为 2.299,该值大于最小安全系数 1.30。滑移面如图 5-18 所示。

滑移面的滑弧特征参数为:半径 $R=357.596$ m,圆心坐标为(308.921 m,658.692 m)。

5.6.2.7　第 7 级加载

采用简化毕肖普法计算得到的安全系数为 2.250,该值大于最小安全系数 1.30。滑移面如图 5-19 所示。

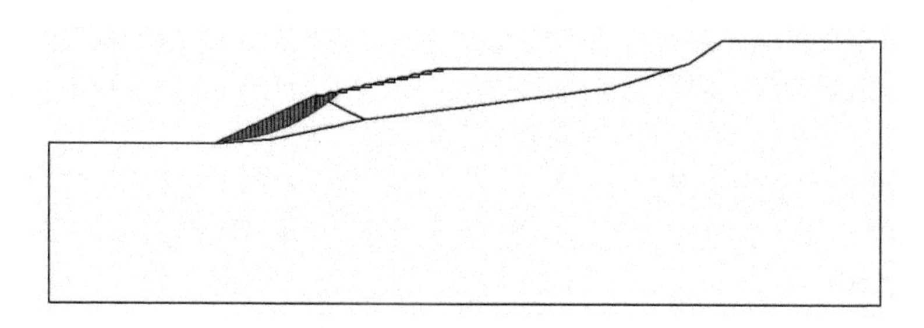

图 5-18　第 6 级加载工况下滑移面($K=2.299$)

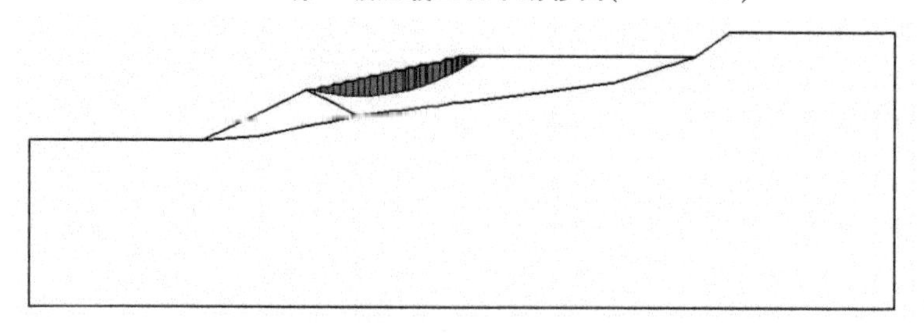

图 5-19　第 7 级加载工况下滑移面($K=2.250$)

滑移面的滑弧特征参数为:半径 $R=356.876$ m,圆心坐标为(599.864 m,734.837 m)。该滑移面入口在尾矿堆积子坝顶部,出口在下游坝坡面上的 A 点。

5.6.3　工程建议

从上述计算结果可以看出:

(1)在不同的筑坝高度下,即在筑坝过程中,由于尾矿库的浸润线是动态变化的,从而导致滑移面在不断的变化。在堆积坝高度达到第 5 级加载高度时,底部尾矿开始发生固结,库区内部的渗透性降低,而孔隙水压由于加载时不能完全消散,导致滑移面的出现位置发生显著改变。

(2)第 5 级加载之后,前 20 个滑移面情况表明危险滑移面基本上由尾矿库和堆石子坝构成。在降雨或其他不利条件下,堆石子坝很可能发生管涌、流土等渗流破坏。特别是在第 7 级加载中，也就是库区刚刚堆放完毕又没有形成有效干滩时，孔隙水压处于较高水平，使得危险滑移面基本上集中在尾矿库区。

(3)在第 2 级加载开始之后，就在堆石子坝相互之间的连接部位上增设变形监测设施，加强监测与分析，并制订相应的应急处理方案。

第6章　尾矿坝地震动力特性分析

尾矿坝的弹性变形、塑性变形较大,从而导致变形体在后缘张开、前缘压缩隆起,形成的滑坡体的形状和滑动前的形状有很大差异。此外,尾矿性质极为复杂,在地震条件下的动力学响应更加困难。地震条件下尾矿坝的稳定性分析是尾矿坝地震问题的研究核心之一。因此,对其进行地震动力特性研究具有十分重要的理论和现实意义。第5章采用拟静力法对地震工况下的稳定性进行了分析。本章结合工程实例,从动力学的角度对尾矿坝进行动荷载作用下的应力场、位移场、动力学响应和稳定性分析。

6.1　引　言

地震荷载作用下的尾矿坝动力特性研究始于20世纪70年代。《尾矿设施设计规范》(GB 50863—2013)和《尾矿库安全技术规程》(AQ 2006—2005)中规定:考虑地震荷载时,尾矿坝的稳定性分析应按《水工建筑物抗震设计规范》(SL 203—1997)的有关规定进行计算。同时,《尾矿堆积坝岩土工程技术规范》(GB 50547—2010)中规定:尾矿堆积坝的动力稳定性分析可采用拟静力法进行计算;对1~3级尾矿堆积坝尚宜采用二维或三维有限元法进行动力分析。

拟静力法虽然考虑了地震的动力特性和结构自身的动力特性,仍然没有很好地考虑土体材料的动力特性。根据规范要求,本尾矿堆坝等别为三等尾矿堆积坝,因此有必要采用有限元法进行动力分析。

6.1.1　抗震等级

规范规定：当坝高与全库容分级指标分属不同等级时，以其中高的等级为准。当级差大于一级时，按高者降低一级。

本尾矿坝的坝高为 130 m，则抗震等级为二等；尾矿堆积坝总库容为 439.8 万 m^3，则抗震等级为四等；综合考虑二者因素，该尾矿坝抗震等级为三等。

6.1.2　地震荷载

按《水工建筑物抗震设计标准》(GB 51247—2018)，项目区抗震设防烈度为Ⅷ度，设计基本地震加速度值为 0.20 g。地震加速度时程的持续时间为 40 s。

根据研究目的不同，地震动荷载通常采用周期性正弦余弦波或实际地震波。采用周期性正弦余弦波是为了方便与室内动力特性试验时施加的周期性正弦余弦荷载对比。采用实际地震波是使用已经发生的或近似于实际地震荷载的动荷载对结构进行动力学响应分析，其结果与工程实际更接近。由于本书侧重于研究实际尾矿坝工程的地震动力学响应，因此采用实际地震波进行研究。选取一条拟合人工地震加速度时程曲线。人工拟合地震动时程通常采用目标谱拟合法，即采用三角级数迭加法拟合地震动加速度时程。基本思路是使用一组三角级数之和构造一个近似的平稳高斯过程，然后乘以强度包络线，从而获得非平稳的地面运动加速度时程。地震加速度记录曲线如图 6-1 所示。

在图 6-1 所示的地震加速度记录曲线中，负向最大加速度时刻为 6.899 s，正向最大加速度时刻为 12.977 s。

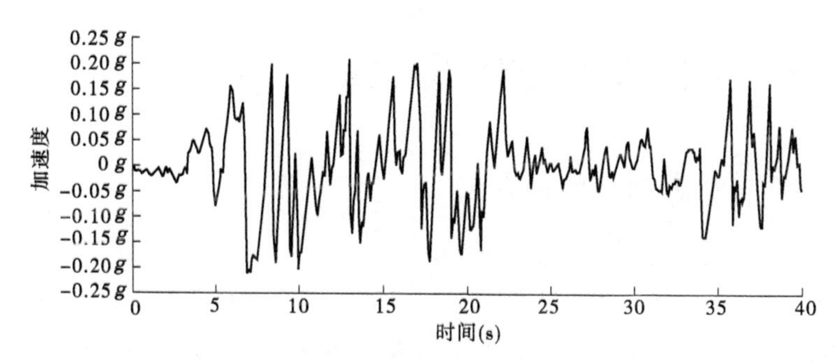

图 6-1　地震加速度记录曲线

尾矿坝抗震计算的荷载组合为：①初期坝、尾矿堆积坝和坝基中的渗透压力；②初期坝、尾矿堆积坝和坝基自重；③地震荷载（时程法）。

6.1.3　阻尼比

结构的阻尼比是结构动力学分析的关键参数之一。阻尼通常采用瑞利（Rayleigh）阻尼或局部（local）阻尼。局部阻尼既可以在静力计算中，也可以在动力分析中使用，但这方面的经验还较少。瑞利阻尼是工程中最常用的阻尼，本次分析中采用瑞利阻尼。

6.1.4　安全系数

根据规范要求，地震作用下，尾矿坝的稳定性最小安全系数应符合表 6-1 的规定。

表 6-1　地震作用下尾矿坝的最小安全系数

效应组合	坝的等级			
	1	2	3	4、5
简化毕肖普法	1.20	1.05	1.15	1.10
瑞典圆弧法	1.10	1.05	1.05	1.00

6.2　非线性动力分析方法

6.2.1　瞬态响应分析方法

结构振动时域有限元方程为

$$[M]\{\ddot{u}\}+[C]\{\dot{u}\}+[K]\{u\}=\{f(t)\} \tag{6-1}$$

式中：$[M]$、$[C]$、$[K]$分别为结构质量矩阵、阻尼矩阵和刚度矩阵；$\{\ddot{u}\}$、$\{\dot{u}\}$、$\{u\}$分别为节点加速度、速度和位移向量；$\{f(t)\}$为外激励载荷向量。

求解式可得到随时间变化的节点位移，然后依次求出其他动力学响应参数。

采用二维动力时程法计算分析，具体要求如下：

(1)按材料的非线性应力应变关系计算地震前的初始剪应力状态；

(2)采用非线性时程分析法求解地震应力和加速度反应。

瞬态响应分析的数值方法包括直接法和模态法。直接法是通过对一个完全耦合的运动方程进行数值积分的方式求解动力学响应。模态法是利用结构振型缩简并解耦运动方程后通过模态响应叠加获得动力学响应。本书选用模态法进行分析。

首先假设

$$\{u(t)\}=[\phi]\{\xi(t)\} \tag{6-2}$$

将变量从物理坐标$\{u\}$转换到模态坐标$\{\xi\}$。为方便处理，暂忽略阻尼可得无阻尼运动方程

$$[M]\{\ddot{u}\}+[K]\{u(t)\}=\{f(t)\} \tag{6-3}$$

将式(6-2)代入式(6-3)，可得模态坐标下的运动方程

$$[M][\phi]\{\xi(t)\}+[K][\phi]\{\xi(t)\}=\{f(t)\} \tag{6-4}$$

为解耦该方程，前乘$[\phi]^{T}$，可得

$$[\phi]^{\mathrm{T}}[M][\phi]\{\xi(t)\}+[\phi]^{\mathrm{T}}[K][\phi]\{\xi(t)\}=[\phi]^{\mathrm{T}}\{f(t)\} \tag{6-5}$$

式中：$[\phi]^{\mathrm{T}}[M][\phi]$为广义质量矩阵；$[\phi]^{\mathrm{T}}[K][\phi]$为广义刚度矩阵；$[\phi]^{\mathrm{T}}\{f(t)\}$为模态力向量。

根据振型的正交特性，广义质量矩阵和广义刚度矩阵均为对角矩阵，因此将运动方程改写为一系列非耦合的单自由度系统

$$m_i\xi_i(t)+k_i\xi_i(t)=f_i(t) \tag{6-6}$$

式中：m_i为第 i 阶模态质量；k_i为第 i 阶模态刚度；f_i为第 i 阶模态力。

计算出单个模态的响应之后，可由模态响应叠加获得物理响应

$$\{x\}=[\phi]\{\xi\}\mathrm{e}^{i\omega t} \tag{6-7}$$

如果存在阻尼矩阵$[C]$，模态法可求解一个用模态坐标表示的耦合方程系统

$$[A_1]\{\xi_{n+1}\}-[A_2]+[A_3]\{\xi_n\}+[A_4]\{\xi_{n-1}\} \tag{6-8}$$

式中：$[A_1]=[\phi^{\mathrm{T}}]\left[\dfrac{M}{\Delta t^2}+\dfrac{C}{2t}+\dfrac{K}{3}\right][(\phi)]$；

$[A_2]=\dfrac{1}{3}[\phi^{\mathrm{T}}]\{P_{n+1}+P_n+P_{n-1}\}$；

$[A_3]=[\phi^{\mathrm{T}}]\left[\dfrac{2M}{\Delta t^2}-\dfrac{K}{3}\right][\phi]$；

$[A_4]=[\phi^{\mathrm{T}}]\left[-\dfrac{M}{\Delta t^2}+\dfrac{C}{2t}-\dfrac{K}{3}\right][\phi]$。

如果将阻尼分别叠加到每一个模态上，仍然可以保持运动方程为非耦合方程。当考虑模态阻尼时，每个模态都有如下形式的方程

$$m_i\xi_i(t)+c_i\xi_i(t)+k_i\xi_i(t)=f_i(t) \tag{6-9}$$

或

$$\xi_i(t)+2\zeta_i\omega_i\xi_i(t)+\omega_i^2\xi_i(t)=\frac{1}{m_i}f_i(t) \tag{6-10}$$

式中：$\zeta_i=\dfrac{c_i}{2m_i\omega_i}$为模态阻尼比；$\omega_i^2=\dfrac{k_i}{m_i}$为模态频率，即特征值。

使用非耦合的解析积分算法来求解解耦的单自由度系统的模

态响应式(6-10),则每个模态响应可由下式得到

$$\xi(t) = \mathrm{e}^{-\frac{bt}{2m}}\left(\xi_0\cos\omega_\mathrm{d}t + \frac{1+\dfrac{b}{2m}}{\omega_\mathrm{d}}\xi_0\sin\omega_\mathrm{d}t\right) + \mathrm{e}^{-\frac{bt}{2m}}\frac{1}{m\omega_\mathrm{d}}\int_0^t \mathrm{e}^{\frac{bt}{2m}}f(\tau)\sin\omega_\mathrm{d}(t-\tau)\,\mathrm{d}\tau \tag{6-11}$$

6.2.2 稳定性分析方法

动力稳定性分析是在地震响应分析的基础上采用有限元法获得不同时刻的稳定性系数。因此,本章将在瞬态响应分析计算的基础上计算最不利时刻的抗滑稳定安全系数。

采用等价线性化方法考虑尾矿的动力非线性特性。如图 6-2 所示的某滑动体,根据与滑动面相交的各个单元中的高斯点处的动应力来计算相交单元在滑动面上的滑动圆弧中点处的法向正应

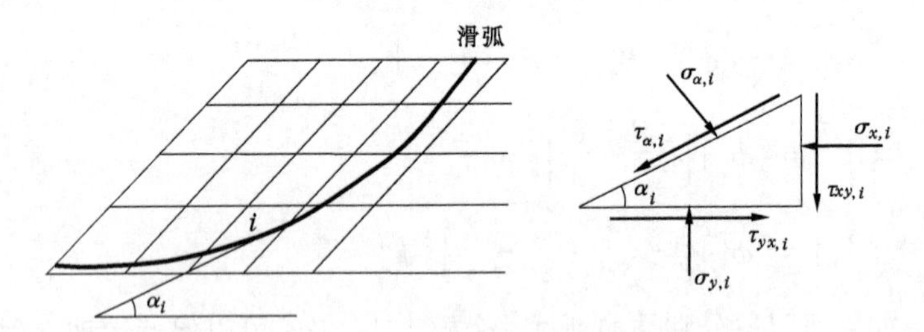

图 6-2 滑移面相交单元

力 $\sigma_i(t)$、切应力 $\tau_i(t)$

$$\sigma_i(t) = \frac{\sigma_{x,i}(t)+\sigma_{y,i}(t)}{2} - \frac{\sigma_{x,i}(t)-\sigma_{y,i}(t)}{2}\cos2\alpha_i - \tau_{xy,i}(t)\sin2\alpha_i \tag{6-12}$$

$$\tau_i(t) = -\frac{\sigma_{x,i}(t)-\sigma_{y,i}(t)}{2}\sin2\alpha_i + \tau_{xy,i}(t)\cos2\alpha_i \tag{6-13}$$

式中:i 为滑动面相交单元编号;α_i 为第 i 个单元相交滑弧中点法

线方向与竖直方向之间的夹角。

抗滑稳定安全系数是指滑动面上各段的抗滑能力代数和与各段的下滑力代数和之间的比值,则在地震过程中的某一时刻的抗滑稳定安全系数为

$$F = \frac{\sum_{i=1}^{n}(\sigma_i f_i + c_i)\Delta l_i}{\sum_{i=1}^{n}\tau_i \Delta l_i} \tag{6-14}$$

式中:$f_i = \tan\varphi$;Δl_i为滑动面第 i 段的段长;φ 为滑动面第 i 段的内摩擦角;c_i为滑动面第 i 段的黏结力;n 为滑动面的分段总数。

根据式(6-14)计算得到地震过程中尾矿坝体的安全系数时程后,可以获得任意时刻坝体的安全系数大小,然后根据尾矿坝的最小安全系数来判断该时刻所处的瞬时状态:稳定状态、极限平衡状态或失稳破坏状态。据此了解整个地震作用过程中坝体所处的瞬时状态。

6.3 尾矿坝动力学响应分析

6.3.1 计算模型

边界条件:底部边界(X 和 Y 方向)的位移为 0,左侧和右侧边界 X 方向位移为 0,Y 方向自由。

典型历史记录点(见图 6-3)为:①初期坝坝顶下游面顶点 A,节点编号为 68,坐标为(502.0 m,390.0 m);②堆石子坝坎顶下游面顶点 B,节点编号为 80,坐标为(518.5 m,390.0 m);③堆石子坝顶下游面顶点 C,节点编号为 222,坐标为(821.0 m,460.0 m);④库区内尾矿面顶点 D。洪水最高水位工况时,节点编号为 252,坐标为(935.0 m,455.3 m)。正常运行水位工况时,节点编号为

251，坐标为（1 085.0 m，451.7 m）。

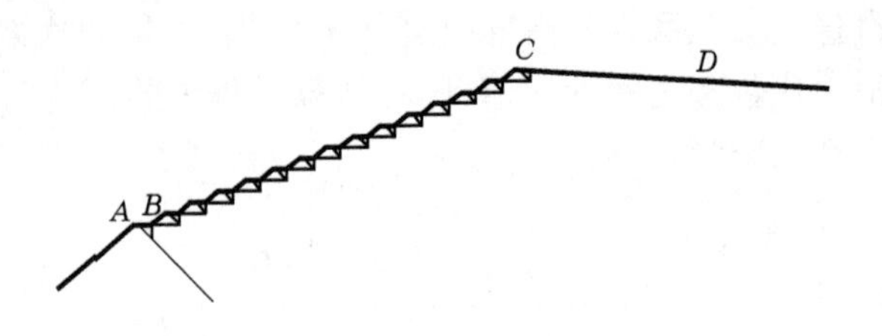

图 6-3　典型历史记录点位置

6.3.2　应力场

以洪水最高水位工况为例进行分析。

6.3.2.1　垂直向应力

地震荷载作用下，负向最大加速度时刻和正向最大加速度时刻的 Y 向（垂直向）有效应力分布如图 6-4 所示。

从图 6-4 中可以看出，6.899 s 时，有效应力最大值为 8 768 kPa，位于远离坝体和库区的基岩底部。12.977 s 时，有效应力最大值为 8 722 kPa，位于远离坝体和库区的基岩底部。但图 6-3 所示的 B 点处的应力水平处于较高的状态。

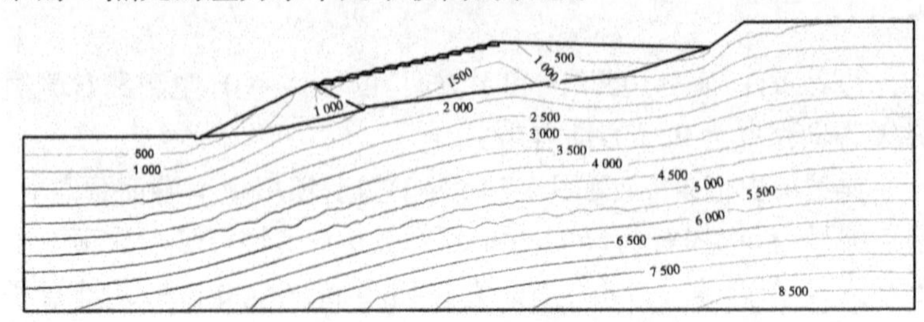

（a）t = 6.899 s

图 6-4　洪水最高水位工况地震荷载作用下 Y 向有效应力分布

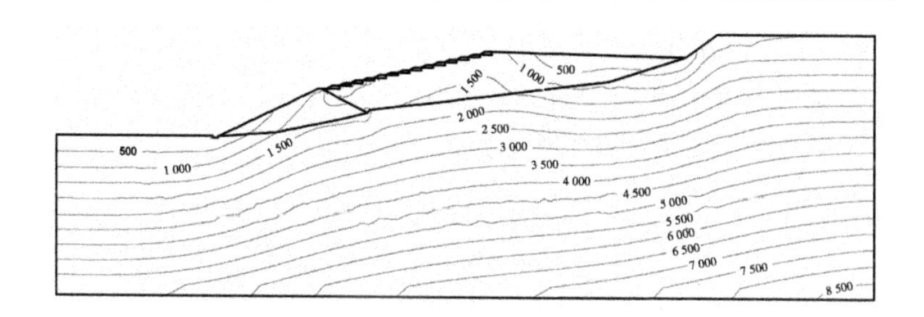

(b)$t=12.977$ s

续图 6-4

地震荷载作用下 A、B、C、D 点(见图 6-3)的 Y 向应力时程曲线如图 6-5 所示。

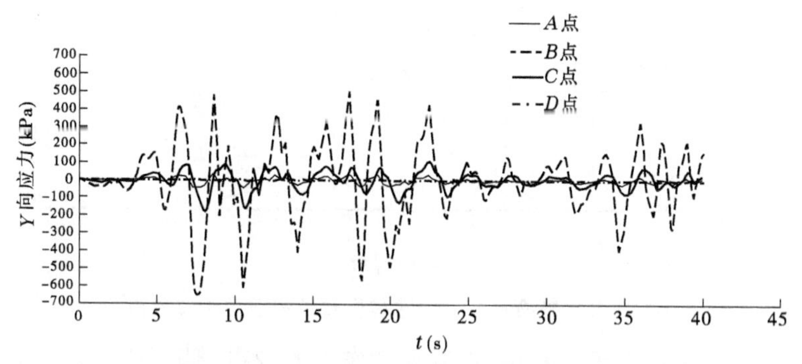

图 6-5　洪水最高水位工况 Y 向应力时程曲线

从图 6-5 中可以看出,在整个加载时程中,各点的垂直向应力变化规律基本上与地震加速度记录曲线所反映的规律相一致。A、B 点的应力变化幅度较大,这是因为这两个点的应力处于较高水平,受加速度的影响较大,说明 A 点和 B 点所在区域属于较危险的区域。

6.3.2.2　切应力场

地震荷载作用下,负向最大加速度时刻和正向最大加速度时刻的切应力分布如图 6-6 所示。

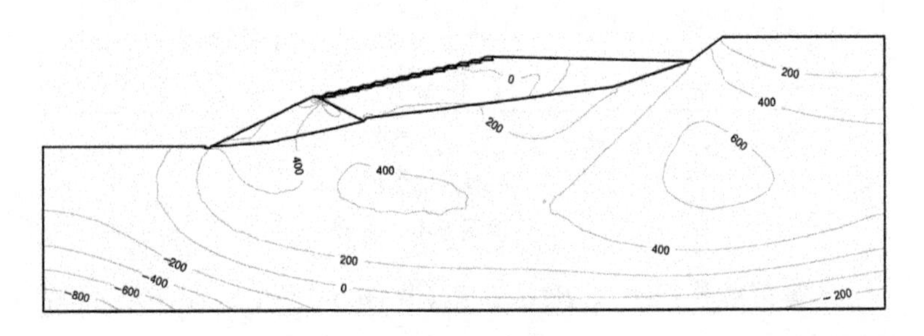

(a)$t=6.899$ s

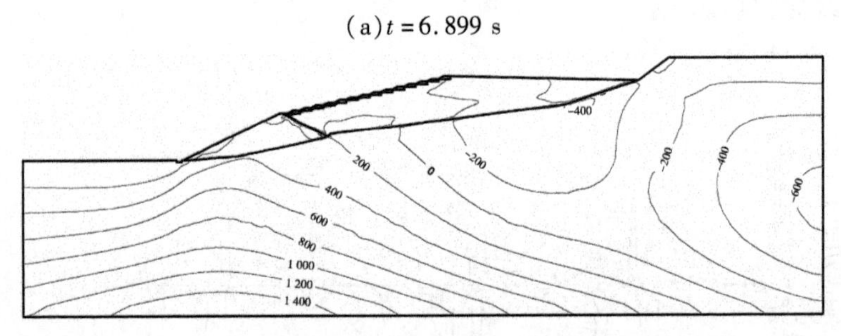

(b)$t=12.977$ s

图 6-6　洪水最高水位工况地震荷载作用下切应力分布

从图 6-6 中可以看出,地震荷载作用下,各时刻的 B 点处(如图 6-3 所示)附近应力、堆石子坝附近应力较为集中,应力水平也处于较高的状态。堆石子坝是由块石堆积而成的坝体,与混凝土浇筑而成的坝体不一样,属于松散体,故该区域属于整个库区中较危险的区域。

地震荷载作用下 A、B、C、D 点(如图 6-3 所示)的切应力时程曲线如图 6-7 所示。

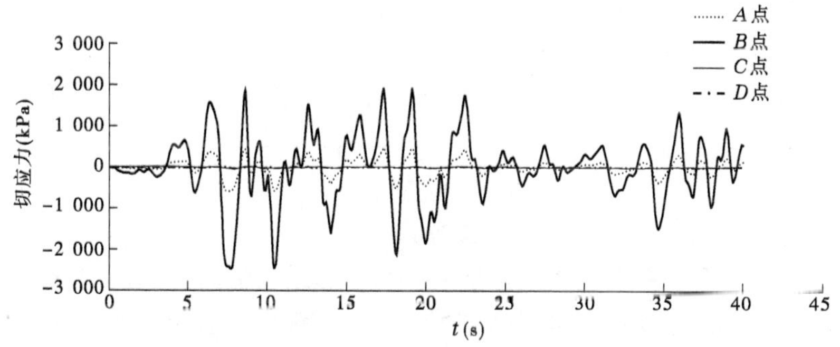

图 6-7　洪水最高水位工况地震荷载作用下切应力时程曲线

从图 6-7 中可以看出,在整个加载时程中,各点的切应力变化规律基本上与地震加速度记录曲线所反映的规律一致。B 点的应力波动显著高于其他部位的应力波动。这是因为 B 点正好是堆石子坝和初期坝的结合部位,属于界面部位。

6.3.3　位移场

地震荷载作用下,负向最大加速度时刻和正向最大加速度时刻的 Y 向(垂直向)位移分布示意图如图 6-8 所示。

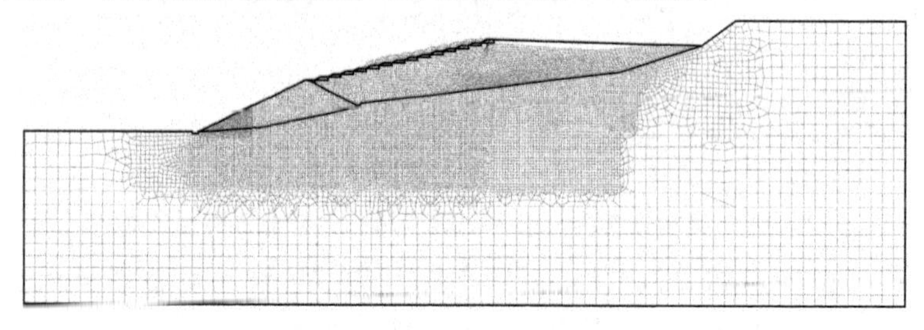

(a) $t = 6.899$ s

图 6-8　洪水最高水位工况地震荷载作用下 Y 向位移

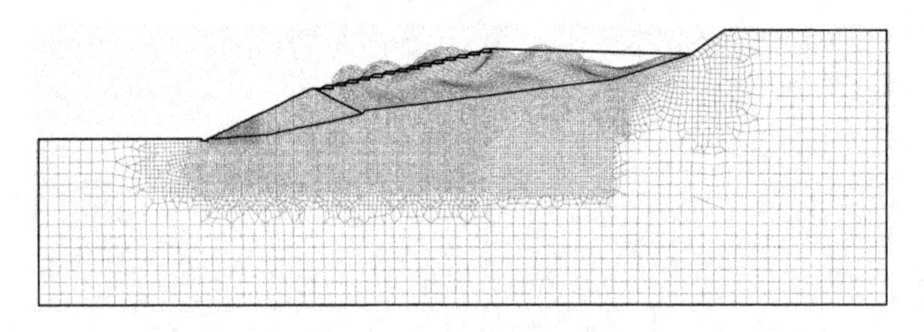

(b) t = 12.977 s

续图 6-8

从图 6-8 中可以看出，6.899 s 时，位移最大值为 0.575 20 m；12.977 s 时，位移最大值为0.245 66 m。在地震荷载作用下，尾矿库区的形变状态处于较高的水平。由于堆石子坝是直接建立在尾矿上的，其地基属于柔性地基，故地震荷载作用下的变形较为严重。

地震荷载作用下 A、B、C、D 点（如图 6-3 所示）的 Y 向位移时程曲线如图 6-9 所示。

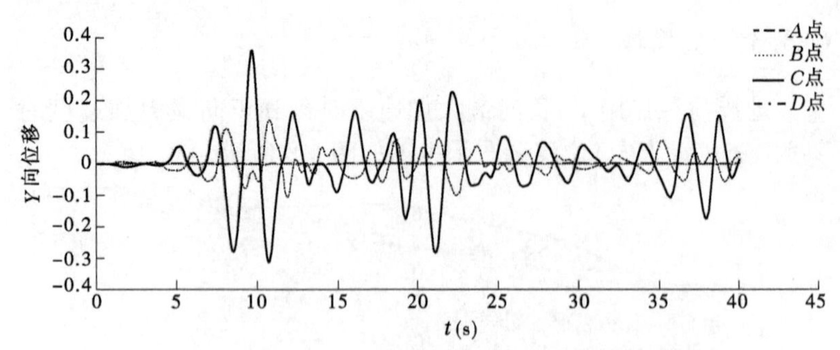

图 6-9　洪水最高水位工况地震作用下 Y 向位移时程曲线

从图 6-9 中可以看出，C、D 点的 Y 向位移波动显著高于其他部位的位移波动，这是因为堆石子坝建立在尾矿上，属于柔性地基上的变形。

6.3.4　速度场

地震荷载作用下 A、B、C、D 点(见图 6-3)的 X 向速度时程曲线分别如图 6-10 所示。

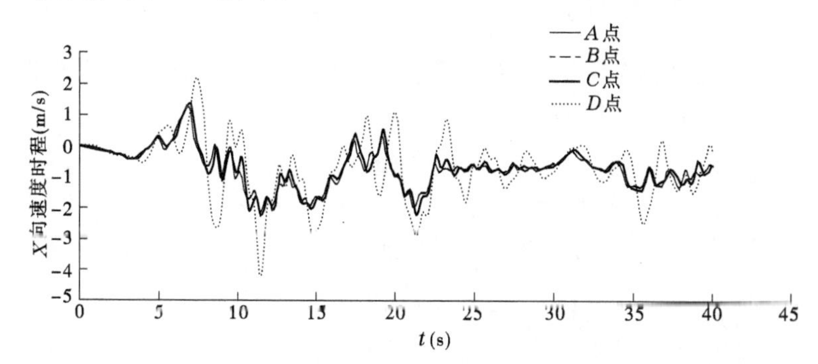

图 6-10　洪水最高水位工况地震荷载作用下 X 向速度时程曲线

从图 6-10 中可以看出,A、B、C、D 点的 X 向速度的放大趋势基本上保持一致。其中,D 点的 X 向速度响应要大于其他各点。这是因为 D 点的位置位于尾矿库区的顶部,该点的四周均为柔软的尾矿,属于柔性地基上的点。

地震荷载作用下 A、B、C、D 点(见图 6-3)的 Y 向速度时程曲线如图 6-11 所示。

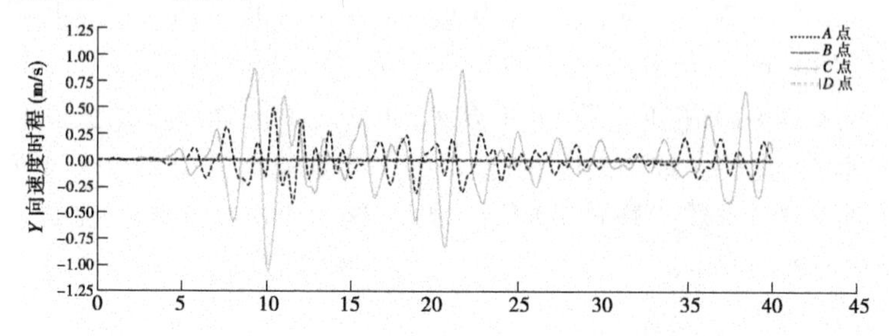

图 6-11　洪水最高水位工况地震荷载作用下 Y 向速度时程曲线

从图 6-11 中可以看出,A、B、C、D 点的 Y 向速度的放大趋势基本上保持一致。其中,C、D 点的 Y 向速度响应要大于 A、B 点,即存在明显的"鞭梢效应"。因此,这两点所在区域需要防止液化现象的发生。

6.3.5　加速度场

地震荷载作用下 A、B、C、D 点(见图 6-3)的 X 向加速度时程曲线分别如图 6-12 所示。

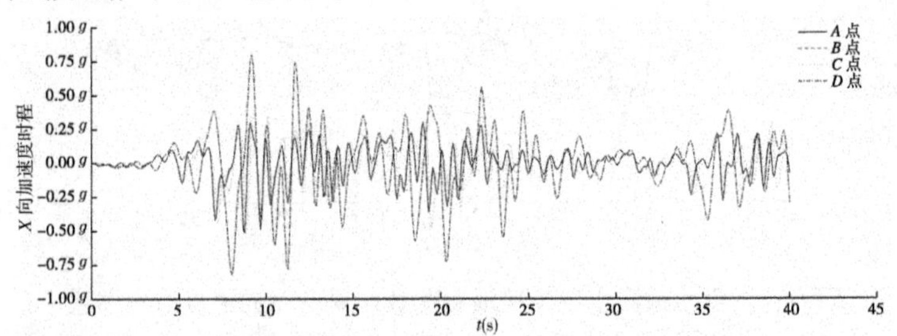

图 6-12　洪水最高水位工况地震荷载作用下 X 向加速度时程曲线

从图 6-12 中可以看出,A、B、C、D 点的 X 向加速度的放大趋势基本上保持一致。其中,D 点的 X 向加速度响应要大于其他各点。这是因为 D 点的位置位于尾矿库区的顶部,该点的四周均为柔软的尾矿,属于柔性地基上的点。

地震荷载作用下 A、B、C、D 点(见图 6-3)的 Y 向加速度时程曲线如图 6-13 所示。

从图 6-13 中可以看出,A、B、C、D 点的 Y 向加速度的放大趋势基本上保持一致。其中,C、D 点的 Y 向加速度响应要大于 A、B 点,即存在明显的"鞭梢效应"。因此,这两点所在区域需要防止液化现象的发生。

6.3.6　工程建议

综合上述分析结果,针对该尾矿坝计算提出下述建议:地震荷

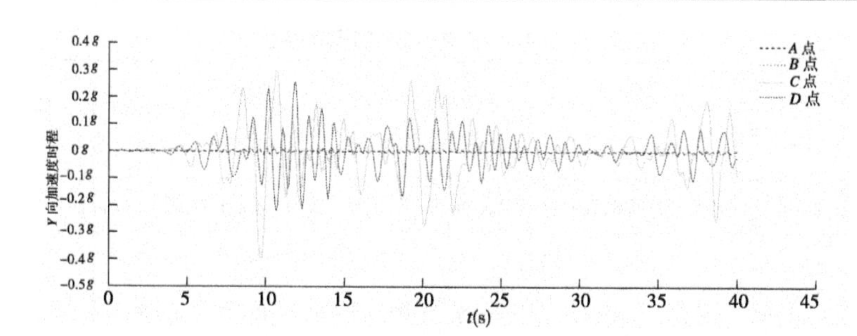

图 6-13　洪水最高水位工况地震作用下 Y 向加速度时程曲线

载作用下,初期坝与堆石子坝的连接部位、堆石子坝之间的相互连接部位的应力、位移、速度、加速度水平均处于较高状态。这是因为堆石子坝是直接建立在尾矿上的,其地基属于柔性地基。需要采取相应措施,防止动载破坏发生。同时,应加强日常巡视管理,密切监测浸润线的变化,确保尾矿库的安全。

6.4　尾矿库动力稳定性分析

在图 6-1 所示的地震加速度记录曲线中,时间历程为 0 ~ 40 s,负向最大加速度时刻为6. 899 s,正向最大加速度时刻为 12. 977 s。以地震荷载作用下的应力场和渗流场计算为基础进行抗震稳定分析。

6.4.1　全时程动力稳定性分析

采用有限单元法对洪水最高水位工况下尾矿库的全历程稳定性进行计算。时间步长为 0. 85 s,共选取了 40 个时间点的安全系数、滑移面、滑弧特征(半径、圆心坐标)等参数列入表 6-2。

表 6-2 洪水最高水位工况滑移面

时间(s)	滑弧特征		安全系数	时间(s)	滑弧特征		安全系数
	半径(m)	圆心坐标(m)			半径(m)	圆心坐标(m)	
1.068	262.081	(397.178,569.049)	2.026	21.027	262.081	(397.178,569.049)	1.792
2.053	262.087	(631.494,620.854)	2.295	22.012	262.091	(798.863,657.858)	1.406
3.039	262.081	(397.178,569.049)	1.958	23.080	237.130	(727.728,667.693)	1.512
4.025	262.087	(631.494,620.854)	1.548	24.066	249.606	(595.927,625.772)	1.716
5.010	262.088	(664.968,628.255)	1.656	25.051	262.090	(731.916,643.056)	1.883
6.078	249.606	(595.927,625.772)	1.483	26.037	262.081	(397.178,569.049)	2.590
6.899	289.033	(748.869,719.532)	1.256	27.023	262.081	(397.178,569.049)	1.888
8.049	262.082	(430.652,576.449)	1.432	28.008	237.130	(727.728,667.693)	2.111
9.035	249.601	(395.084,581.367)	1.487	29.076	249.607	(629.401,633.172)	2.021
10.021	249.601	(395.084,581.67)	1.316	30.062	237.130	(727.728,667.693)	2.135
11.006	237.125	(526.886,623.288)	1.463	31.047	262.087	(631.494,620.854)	1.512
12.074	262.090	(731.916,643.056)	2.057	32.033	262.081	(397.178,569.049)	1.583
12.977	386.363	(652.313,764.263)	1.539	33.018	262.081	(397.178,569.049)	2.060
14.045	262.081	(397.178,569.049)	2.204	34.004	262.088	(664.968,628.255)	1.510
15.031	249.608	(662.875,640.573)	1.535	35.072	262.081	(397.178,569.049)	1.477
16.016	262.089	(698.422,635.655)	1.411	36.057	262.088	(664.968,628.255)	1.483
17.002	249.606	(595.927,625.772)	1.415	37.043	262.081	(397.178,569.049)	1.487
18.070	237.123	(459.938,608.487)	2.400	38.029	237.123	(459.938,608.487)	1.549
19.055	249.608	(662.875,640.573)	1.260	39.014	237.130	(727.728,667.693)	1.222
20.041	237.123	(459.938,608.487)	1.762	40.000	262.088	(664.968,628.255)	1.456

从表 6-2 可以看出：

(1)洪水最高水位工况下，尾矿库的全历程稳定性分析计算得到的最小安全系数(40 个时间点)为 1.222，发生在 39.014 s。尾矿坝的抗滑稳定安全系数均大于最小抗滑稳定安全系数 1.15。

(2)在整个时间历程中，每个时间点的滑移面、滑弧特征(半径、圆心坐标)都在不停地变化，无论是尾矿库区，还是初期坝，都有可能形成潜在的滑移体，其中大部分滑移体位于堆石子坝。建议在初期坝、堆石子坝相互之间的连接部位上增设变形监测设施，加强监测与分析，并制订相应的应急处理方案。

6.4.2　最大加速度时刻动力稳定性分析

6.4.2.1　负向最大加速度时刻

采用有限单元法计算得到的安全系数为 1.256，该值大于最小安全系数 1.15。滑移面如图 6-14 所示。

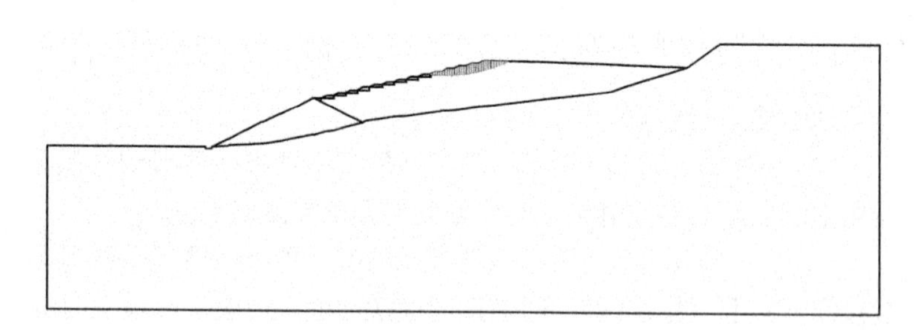

图 6-14　洪水最高水位工况滑移面(t = 6.899 s)

滑移面的滑弧特征参数为：半径 R = 289.033 m，圆心坐标为(748.869 m，719.532 m)。该滑移面入口在尾矿堆积坝顶部，出口在尾矿堆积子坝的连接处。

6.4.2.2　正向最大加速度时刻

采用有限单元法计算得到的安全系数为1.539,该值大于最小安全系数1.15。滑移面如图6-15所示。

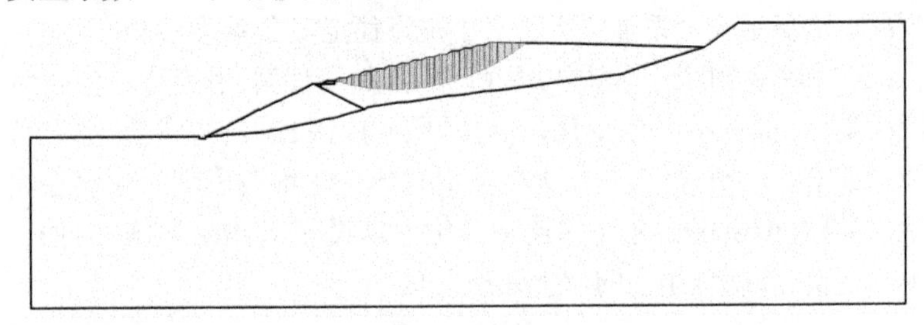

图6-15　洪水最高水位工况滑移面($t=12.977$ s)

滑移面的滑弧特征参数为:半径 $R=386.363$ m,圆心坐标为(652.313 m,764.263 m)。该滑移面入口在尾矿堆积坝顶部,出口在尾矿堆积子坝的连接处。

6.4.3　动力稳定性特征

从上述分析可知:

(1)在整个加载时程过程中,采用有限单元法计算得到的洪水最高水位工况下的抗滑稳定安全系数均大于规范要求值。

(2)洪水最高水位工况作用下的前20个滑移面情况表明危险滑移面基本上由尾矿库和堆石子坝构成。在降雨或者其他不利条件下,堆石子坝很可能发生管涌、流土等渗流破坏。

6.4.4　稳定性对比分析

尾矿坝的静力稳定性分析和动力稳定性分析结果汇总如表6-3所示。

表6-3　尾矿坝的静动力抗滑稳定安全系数

计算工况		静力稳定性分析			动力稳定性分析	
		平面计算		三维计算	6.899 s	12.977 s
		简化毕肖普法	拟静力法			
洪水最高水位工况	计算值	2.21	1.19	2.10	1.26	1.54
	临界值	1.30	1.15	1.30	1.15	1.15
正常运行水位工况	计算值	2.23	1.21	2.10	1.18	1.54
	临界值	1.30	1.15	1.30	1.15	1.15

从表6-3可以看出：

(1)无论是静力稳定性分析，还是动力稳定性分析，尾矿坝的抗滑稳定安全系数均大于最小抗滑稳定安全系数。

(2)静力稳定性分析中，平面计算中的抗滑稳定系数与三维计算中的抗滑稳定系数基本接近。

参考文献

[1] 柴建设. 尾矿库事故案例分析与事故预测[M]. 北京:化学工业出版社,2011.

[2]《活动断裂研究》编委会,国家地震局地质研究所. 活动断裂研究[M]. 北京:地震出版社,1994.

[3] 曹净. 攀钢集团马家田尾矿堆积特性研究及尾矿堆积坝体稳定性分析[D]. 南宁:广西大学,2001.

[4] 李新星. 栗西沟尾矿坝地震动力反应及液化评价研究[D]. 西安:长安大学, 2004.

[5] 张伟. 渗流场及其与应力场的耦合分析和工程应用[D]. 武汉:武汉大学,2004.

[6] 吴远亮. 尾矿坝的动力稳定性分析[D]. 西安:西安理工大学, 2006.

[7] 韦立德. 岩土渗流场和损伤场耦合理论研究和数值模拟[D]. 武汉:中国科学院武汉岩土力学研究所,2006.

[8] 杨永恒. 渗流场与应力场耦合分析及其在尾矿坝工程中的应用[D]. 西安:西安理工大学,2006.

[9] 李顺群. 非饱和土的吸力与强度理论研究及其试验验证[D]. 大连:大连理工大学,2006.

[10] 潘建平. 尾矿坝抗震设计方法及抗震措施研究[D]. 大连: 大连理工大学,2007.

[11] 安君. 尾矿坝地震稳定性分析方法及其应用的研究[D]. 北京: 北京工业大学,2007.

[12] 谢兼量. 考虑渗流应力耦合的边坡稳定性分析[D]. 南京:河海大学,2007.

[13] 谭钦文. 中线法高堆尾矿坝优化理论及其关键力学问题研究[D]. 重庆:重庆大学,2008.

[14] 何金保. 锡冶山尾矿坝渗流场模拟分析[D]. 武汉: 武汉科技大学,

2008.
[15] 杨作亚. 中线法筑堆尾矿坝动力反应分析[D]. 重庆:重庆大学,2008.
[16] 金永健. 尾矿坝二维固结渗流模型研究及坝体稳定性分析[D]. 长沙:中南大学,2009.
[17] 林向东. 小江断裂中段及其邻近地区震源机制解与构造应力场分析[D]. 兰州:中国地震局兰州地震研究所,2009.
[18] 刘运思. 基于流固耦合作用的饱和与非饱和下尾矿坝稳定性的数值分析[D]. 衡阳:南华大学,2010.
[19] 李勇泉. 渗流场与应力场的耦合分析及其工程应用[D]. 武汉:武汉大学,2010.
[20] 付铁林. 尾矿坝筑坝过程中浸润线的数值分析[D]. 哈尔滨:哈尔滨工业大学,2010.
[21] 郭振世. 高堆尾矿坝稳定性分析及加固关键技术研究[D]. 西安:西安理工大学,2010.
[22] 吴定勇. 细粒尾矿堆坝渗流稳定性研究[D]. 昆明:昆明理工大学,2010.
[23] 孔佑林. 降雨条件下尾矿坝稳定性分析[D]. 哈尔滨:哈尔滨工业大学,2011.
[24] 罗江锋. 除险加固土石坝的渗流场和应力场耦合分析研究[D]. 南昌:南昌大学,2011.
[25] 宋宜祥. 尾矿坝地震液化及稳定性分析[D]. 大连:大连理工大学,2012.
[26] 郑乾. 边坡抗震稳定性有效应力分析[D]. 扬州:扬州大学,2012.
[27] 王飞. 某岩质边坡稳定性分析及锚固方案研究[D]. 宜昌:三峡大学,2012.
[28] 刘春刚. 细砂尾砂坝静力和动力稳定性分析研究[D]. 北京:北京交通大学,2012.
[29] 马宏杰. 中国西南横断山地区新生代地层学及古环境变化研究[D]. 昆明:昆明理工大学,2013.
[30] 何仕朝. 某尾矿坝渗流计算及地震动力响应分析[D]. 西安:长安大学,2013.
[31] 孙超伟. 基于有限元强度折减法的边坡稳定性分析[D]. 西安:西安理工大学,2014.

[32] 刘湘平. 饱和尾矿稳态特性试验研究[D]. 赣州:江西理工大学,2014.
[33] 刘伟. 冬茅冲尾矿坝稳定性数值模拟与分析[D]. 衡阳:南华大学,2015.
[34] 陈东辉. 基于渗流场和应力场耦合作用的岸坡稳定性分析[D]. 广州:暨南大学,2015.
[35] 万龙. 粉粒含量对非饱和土抗剪强度影响的试验研究[D]. 杭州:浙江工业大学,2016.
[36] 郑彬彬. 高浓度尾矿上游式堆坝基础性问题研究及坝体稳定性分析[D]. 重庆:重庆大学,2017.
[37] 余志刚. 库水位升降对岩质岸坡变形及稳定性的影响研究[D]. 重庆:重庆大学,2017.
[38] 辛保泉. 降雨入渗条件下基质吸力对尾矿坝稳定性影响研究[D]. 绵阳:西南科技大学,2017.
[39] 滕德贞. 云南省小江断裂带中段地震地质基本特征[J]. 地震研究,1978(2):55-64.
[40] 朱照宇. 黄土高原及邻区新构造与新构造运动[J]. 第四纪研究,1992(3):252-264.
[41] 陆景冈,毛昆明. 云南省新构造运动与土壤形成及分布的关系[J]. 云南农业大学学报,1992,7(1):6-12.
[42] 王媛. 多孔介质渗流与应力耦合的计算方法[J]. 工程勘察,1995(2):33-37.
[43] 张家发. 三维饱和非饱和稳定非稳定渗流场的有限元模拟[J]. 长江科学院院报,1997,14(3):35-38.
[44] 柴军瑞,仵彦卿. 均质土坝渗流场与应力场耦合分析的数学模型[J]. 陕西水力发电,1997(3):4-7
[45] 曾海容, 宋惠珍. 地下流体场与应力场耦合方程的有限单元法[J]. 石油勘探与开发,1998(4):90-92.
[46] 宋方敏,汪一鹏,俞维贤,等. 小江活动断裂带[M]. 北京:地震出版社,1998.
[47] 苏有锦, 秦嘉政. 川滇地区强地震活动与区域新构造运动的关系[J]. 中国地震,2001,17(1):24-34
[48] 朱军, 刘光廷, 陆述远. 饱和非饱和三维多孔介质非稳定渗流分析[J].

武汉大学学报,2001(3):5-8.
[49] 陈波，李宁，禚瑞花. 多孔介质的变形场—渗流场—温度场耦合有限元分析[J]. 岩石力学与工程学报,2001，20(4):467-472.
[50] 李世成,崔建文,乔森,等. 云南山地地震地质灾害对河流综合开发的影响[J]. 地震研究,2001(2):140-145.
[51] 邓起东. 中国活动构造研究的进展与展望[J]. 地质论评,2002,48(2):168-177.
[52] 柳厚祥,宋军,陈克军. 尾矿坝二维固结稳定渗流分析[J]. 矿冶工程,2002,22(4):8-11.
[53] 徐永福,董平. 非饱和土的水土特征曲线的分形模型[J]. 岩土力学,2002,23(4):400-405.
[54] 赵坚，纪伟，刘志敏. 尾矿坝地质剖面概化及其对渗流场计算的影响[J]. 金属矿山,2003,12(260):24-27.
[55] 何才华. 论新构造运动[J]. 贵州师范大学学报,2003,21(2):58-62.
[56] 朱岳明，龚道勇. 三维饱和非饱和渗流场求解及其逸出面边界条件处理[J]. 水科学进展,2003,14(1):67-71.
[57] 胡明鉴，陈守义，郭爱国. 某上游法尾矿坝抗滑稳定性浅析[J]. 岩土力学,2003,24(2):254-258.
[58] 阮元成，郭新. 饱和尾矿料动力变形特性的试验研究 [J]. 水利学报,2003,4:24-29.
[59] 柳厚祥. 考虑应力场与渗流场耦合的尾矿坝非稳定渗流分析[J]. 岩石力学与工程学报,2003,23(17):2870-2870.
[60] 段蔚平,卫修保,胡斌. 细粒筑尾矿坝的渗流分析与稳定性研究的实践[J]. 金属矿山,2004,8:34-40.
[61] 胡明鉴，郭爱国，陈守义. 某上游法尾矿坝抗滑稳定性分析的几点思考[J]. 岩土力学,2004,25 (5): 769-773.
[62] 陈章友. 尾矿坝固结渗流的分析模型和计算方法研究[J]. 工程设计与建设，2004,36(2):8-11.
[63] 尹光志,余果,张东明. 细粒尾矿库地下渗流场的数值模拟分析[J]. 重庆大学学报,2005,28 (6): 81-83.
[64] 柴军瑞,李守义,李康宏. 米箭沟尾矿坝加高方案渗流场数值分析[J].

岩土力学, 2005,26(6):974-977.

[65] 曹林卫,彭向和,李德. 变形场和渗流场耦合作用下的尾矿坝静力稳定性分析[J]. 重庆建筑大学学报, 2007,29(5): 112-118.

[66] 殷宗泽,凌华. 非饱和土一维固结简化计算[J]. 岩土工程学报,2007,29(5):633-637.

[67] 凌华,殷宗泽. 非饱和土二、三维固结方程简化计算方法[J]. 水利水电科技进展, 2007,27(2):18-33.

[68] 范恩让,史剑鹏. 几个尾矿坝垮塌事故的案例分析与教训[J]. 资源环境与工程, 2007,21(3):290-292.

[69] 邓起东, 闻学泽. 活动构造研究——历史进展与建议[J]. 地震地质, 2008,30(1):1-30.

[70] 陈殿强, 王来贵, 李根. 尾矿坝稳定性分析[J]. 辽宁工程技术大学学报, 2008,27(3): 359-336.

[71] 陈建宏,张涛,曾向农,等. 尾矿坝边坡稳定性仿真建模与安全分析[J]. 中南大学学报, 2008(4):635-640.

[72] 郭振世, 仵彦卿, 詹美礼. 高堆尾矿坝堆积特性及三维渗流数值分析研究[J]. 水土保持通报, 2009(3):188-192.

[73] 潘建平. 尾矿坝地震反应分析及抗震措施研究[J]. 矿冶工程, 2009,29(5):5-8.

[74] 魏勇,许开立,郑欣. 浅析国内外尾矿坝事故及原因[J]. 金属矿山, 2009,7:139-142.

[75] 敬小非,尹光志,魏作安. 模型试验与数值模拟对尾矿坝稳定性综合预测[J]. 重庆大学学报, 2009,32(3):308-313.

[76] 沈建,陈新民,魏平. 土质边坡地震稳定性研究进展[J]. 水运工程, 2009,6(428),40-45.

[77] 门永生,柴建设. 我国尾矿库安全现状及事故防治措施[J]. 中国安全生产科学技术, 2009(1):48-52.

[78] 张杰. 采场覆岩破坏流固耦合的数值模拟分析[J]. 采矿与安全工程学报, 2009,26(3):313-317.

[79] 司胜利. 宜良可保盆地构造特征及煤层赋存规律分析[J]. 中国煤炭地质, 2009,21(10):13-15.

[80] 韩竹军,何玉林,安艳芬,等. 新生地震构造带——马边地震构造带最新构造变形样式的初步研究[J]. 地质学报, 2009,83(2):218-229.

[81] 张峰,郭晓霞,杨昕光. 爆破地震波作用下尾矿坝的有限元动力分析[J]. 防灾减灾工程学报, 2010,30(3):281-285.

[82] 王强,鲁炳强,王水平. 尾矿坝渗流-应力耦合场的有限元分析[J]. 现代矿业, 2010,3:74-77.

[83] 尹光志,敬小非,魏作安. 粗细尾砂筑坝渗流特性模型试验及现场实测研究[J]. 岩石力学与工程学报, 2010,29(A02):3710-3718.

[84] 李春民,王云海,张兴凯. 尾矿坝浸润线序列的支持向量机预测研究[J]. 金属矿山, 2010,12:18-21.

[85] 苏万鑫,谢康和. 土水特征曲线为直线的非饱和土一维固结计算[J]. 浙江大学学报, 2010,44(1):150-155.

[86] 张栋,吴宗之,蔡嗣经. 尾矿库地震液化机理及抗震评估指标体系研究[J]. 中国安全生产科学技术, 2010(6):17-22.

[87] 王强,鲁炳强,王水平. 尾矿坝渗流-应力耦合场的有限元分析[J]. 现代矿业, 2010(3):74-77.

[88] 李兆炜,胡再强. 基于渗流理论的尾矿坝坝体稳定性分析研究[J]. 水利与建筑工程学报, 2010,8(1):56-59.

[89] 刘向峰,孙艳南,缪海滨. 洪水入渗尾矿坝边坡渗流稳定性数值分析[J]. 水资源与水工程学报, 2011,22(3):13-16.

[90] 董陇军,赵国彦,宫凤强. 尾矿坝地震稳定性分析的区间模型及应用[J]. 中南大学学报, 2011,42(1):164-170.

[91] 岳虎. 尾矿坝(边坡)稳定性分析方法的综述与展望[J]. 科技信息. 2011,(20):10362-10363.

[92] 吴珺华,袁俊平,卢廷浩. 基于变湿应力概念的膨胀土初始开裂分析[J]. 岩土力学, 2011,32(6):1631-1636.

[93] 李宗伟, 孙丹, 尹大娟. 吊水壶尾矿坝渗流特性三维有限元分析[J]. 中国安全生产科学技术, 2012,8(6):65-69.

[94] 毛宏宇, 乐陶. 尾矿坝地震荷载作用下的数值模拟方法[J]. 现代矿业, 2012,(5):65-66.

[95] 周舒威, 李庶林, 李青石, 等. 基于渗流-应力耦合分析的野鸡尾尾矿

坝稳定性研究[J]. 防灾减灾工程学报, 2012,32(4):495-501.
[96] 白清文,张晓风,武玉梁. 地震灾区尾矿库危害等级划分方法[J]. 中国矿业, 2012(S1):139-141.
[97] 潘建平,刘湘平,徐水太. 尾矿坝地震破坏机制探讨[J]. 金属矿山, 2013(1):138-142.
[98] 吴珺华,袁俊平,杨松. 基于滤纸法的裂隙膨胀土土水特征曲线试验[J]. 水利水电科技进展, 2013,33(5),61-64.
[99] 张敏哲,金爱兵,王志凯. 尾矿坝稳定性物理模型试验研究[J]. 金属矿山, 2013,450(12):115-117.
[100] 于广明, 宋传旺, 潘永战. 尾矿坝安全研究的国外新进展及我国的现状和发展态势[J]. 岩石力学与工程学报, 2014,33(1):3238-3248.
[101] 王洁,刘永,张志军. 降雨入渗对尾矿坝稳定性的影响[J]. 南华大学学报, 2014,28(1):24-28.
[102] 胡井友,吴龙梁,闫茂林,等. 基于非饱和流固耦合理论的某尾矿坝渗流与稳定性分析[J]. 水利与建筑工程学报, 2015(4):126-129.
[103] 吴珺华,杨松. 基于湿变量的膨胀土初始裂隙模型及影响因素分析[J]. 土木工程学报, 2016,49(4):96-101.
[104] 李芃,谭晓慧,辛志宇,等. 确定滤纸法试验平衡时间的数值模拟[J]. 冰川冻土, 2016,38(4):970-976.
[105] 张丽娜,韩立波,罗艳. 2014 年 5 月云南盈江两次中强地震震源参数研究[J]. 地震, 2016,36(1):59-68.
[106] 吴珺华,杨松. 干湿循环下膨胀土基质吸力测定及其对抗剪强度影响试验研究[J]. 岩土力学,2017,38(03):678-684.
[107] 李克达,陈冬华. 渗流影响下尾矿坝稳定性研究[J]. 山西建筑,2017(10):90-91.
[108] 吴珺华,杨松. 滤纸法测定干湿循环下膨胀土基质吸力变化规律[J]. 农业工程学报,2017,33(15):126-132.
[109] 刘致远,王金亮. 基于 SRTM DEM 的滇中地区地貌形态研究[J]. 云南地理环境研究, 2017,29(06):9-1.
[110] 刘阳. 爆破挤淤堤稳定性计算方法的适用性[J]. 水运工程, 2018(6):170-174.

[111] 张慧颖,杨松,郑冲泉. 某磷矿尾矿料分层固结特性试验[J]. 现代矿业, 2018,34(2):133-136.

[112] Lam L,Fredlund D G. Saturated-unsaturated transient finite element seepage model for geotechnical engineering[J]. Advances in Water Resources, 1984,7(3):132-136.

[113] Vardoulakis I,Beskos D. Dynamic behavior of nearly saturated porous media [J]. Mechanics of Materials, 1986,5(1): 87-108.

[114] Lottermoser B, Ashley P. Tailings dam seepage at the rehabilitated Mary Kathleen uranium mine, Australia [J]. Journal of Geochemical Exploration, 2005,85 (3): 119-137.

[115] Salgueiro A R, Pereira H G, Rico M – T, et al. Application of Correspondence Analysis in the Assessment of Mine Tailings Dam Breakage Risk in the Mediterranean Region [J]. Risk Analysis, 2008,28(1): 13-23.

[116] Zhang LT, Qi QL,Xiong BL, et al. Numerical simulation of 3 – D seepage field in tailing pond and its practical application [J]. Procedia Engineering, 2011,12:170-176.

[117] Stark T D,Beaty M H, Byrne P M, et al. Seismic deformation analysis of Tuttle Creek Dam[J]. Canadian Geotechnical Journal, 2012,49(3): 323-343.

[118] Zhong D, Zhang X,Ao X, et al. Study on coupled 3D seepage and stress fields of the complex channel project[J]. Science China Technological Sciences, 2013,56 (8): 1906-1914.

[119] Li Y, Cao Y F, Chang X J, et al. The Analysis of Stability of Mine's Tailing Dam Based on the FLAC3D[J]. Applied Mechanics and Materials, 2013,353: 650-653.